高级隐喻

故事转化生命

[加] 玛丽莲·阿特金森（Marilyn Atkinson）著
吴佳　王利娟　杨兰 译

用故事让我们超越过去的模式
获得转化生命的能力！

Creating Transformational Metaphors Copyright © 2013 by Exalon Publishing, LTD.
Cover background art by Christopher Redmond.
No portion of this book may be reproduced, by any process or technique, without the express consent of the publisher.
Simplified Chinese translation copyright ©2017 by Huaxia Publishing House co., Ltd.

ALL RIGHTS RESERVED

版权所有 翻印必究

北京市版权局著作权合同登记号：图字01-2023-4404号

图书在版编目（CIP）数据

高级隐喻/（加）玛丽莲·阿特金森（Marilyn Atkinson）著；吴佳，王利娟，杨兰译. —北京：华夏出版社有限公司，2024.6

书名原文：Creating Transformational Metaphors

ISBN 978-7-5222-0708-7

Ⅰ．①高… Ⅱ．①玛… ②吴… ③王… ④杨… Ⅲ．①成功心理-通俗读物 Ⅳ．①B848.4-49

中国国家版本馆 CIP 数据核字（2024）第 092683 号

高级隐喻

作　　者	［加］玛丽莲·阿特金森
译　　者	吴　佳　王利娟　杨　兰
策划编辑	朱　悦
责任编辑	马　颖
特约编辑	何敬鸿
出版发行	华夏出版社有限公司
经　　销	新华书店
印　　刷	三河万龙印装有限公司
装　　订	三河万龙印装有限公司
版　　次	2024年6月北京第1版　2024年6月北京第1次印刷
开　　本	710×1000　1/16 开
印　　张	12.25
字　　数	220 千字
定　　价	59.80 元

华夏出版社有限公司　地址：北京市东直门外香河园北里4号　邮编：100028
网址：www.hxph.com.cn　　电话：（010）64663331（转）
若发现本版图书有印装质量问题，请与我社营销中心联系调换。

献 词

谨以此书献给讲出故事趣味性的米尔顿·埃里克森，他用隐喻的方式来描述人生发展、觉察力、愿景和智慧，激发了我讲故事的勇气。

玛丽莲·阿特金森

致　谢

我乐于创作这样一本书，写作的过程很轻松，仿佛是夏日里的一场远足——一路上充满了新的发现和欣喜。这些故事本身是我人生的一部分，它们在过去的五十年中一一发生，因此我要感谢五十年来我的朋友们和同伴们，谢谢你们每一个人，你们的参与让我的人生故事得以发生。

具体而言，我要感谢埃里克森学院这个大社群在44个国家的出色员工。全球范围内参加我们各门课程的学员已经验证了书中这些故事所达到的效果。

尤其要感谢我的助手、打字员、封面设计师、视觉设计排版人员。特别感谢亚历山大·伊万诺娃、盖尔·利奇、玛丽安娜·伦兹特。在写这本书期间，我奔波于多个国家进行授课，是他们几位帮助我一直坚持写作。盖尔的编辑保证了该书的流畅性；亚历山大和盖尔的封面创意将我的创作思维聚焦起来；而在最一开始，玛丽安娜对本书的极大热情鼓舞我坚持写下去。

盖尔有排版的功劳，他认真而谨慎地工作，为大家呈现了赏心悦目的版面。感谢团队的共同努力。

玛丽莲·阿特金森

2013年11月

目录

前言   001

第一章　找到那扇被掩藏的门   001
隐喻（metaphor）是什么，"meta"是为了什么   004
是什么在我们的隐喻中创造出转化   006
创造任何东西 —— 讲故事   008
探索整体觉察（Holistic Awareness）的过程   009
在快乐线上迈出三小步   010

第二章　身份探索、苦难和发现   013
超越身份这种苦难   016
推动变化的力量   017
意识的礼物   018
世界的朝圣者   021

第三章　为隐喻的风景播下种子   023
已有脚本的情感（Scripted Emotions）= 预先录入的结论   025
丢掉"死亡"面具   026
用开放式问题搭建内在花园   030
倾听内在认知   034

第四章　人为何受苦　　037

摆脱隐喻式的痛苦，获得了悟的觉察　　039
在你内心隐秘处：冥想　　041
构建目的的过程　　043
英雄之旅　　047

第五章　转化死亡：超越痛苦的故事　　051

形成你的"价值观思维"　　053
出色的隐喻创造者创造出点金术　　055
发展转化性的愿景——讲故事　　056
设计一个转化性的现实情况　　061
皮划艇的图景和生命的心跳　　064
冲刷掉主观的权利（entitlement）：一种冥想方法　　066

第六章　连接内在真相　　067

创建一个新思维　　069
今天你希望自己置身于怎样的思维中　　069
承诺的巨大作用　　070
承诺带来结果　　072
个人成长的转变　　075
与彼此在一起　　077
因自我认知而受苦　　078

第七章　诚信和承诺　　079

用隐喻来指向　　081
转变情感，发展积极能量　　082
人如何发展新能力　　085

第八章　你的"身心一致——身份"，一个意识的场域　089

　　扩展身份——我们是谁　091

　　拆掉墙　095

　　可持续的星球　096

第九章　生命伟大的礼物：勇气和决心　099

　　构建你最强的身份　101

　　用隐喻故事进行自我精通教练　105

　　自我设计的问题　110

　　设计深层转变　112

第十章　团队合作和转化　115

　　思考生命的一个隐喻　119

　　我们如何建立起百分百的承诺　120

　　生命中的同伴：一个小练习　124

　　人类这个团队——翻过围墙　126

　　一个被称作"在失败中前行"的故事　126

第十一章　友谊和爱　129

　　将人们与深层原则联系起来　131

　　用原则和警句来创造　133

　　启发性问题激发我们探索　134

　　米尔顿·埃里克森的原则　136

　　通过仪式　138

　　超越情绪，爱在扩展　141

　　什么样的原则具有转化力　144

　　特蕾莎修女的准则　144

不管怎样都要做　　　　　　　　　　　　　　　　145

　　创造临在（Presence）　　　　　　　　　　　　　145

　　坚不可摧的完整性：一种冥想方法　　　　　　　149

第十二章　与同步性一起高飞　　　　　　　　151

　　身份作为一个意识场域（Field of Consciousness）　154

　　将开放式问题当作警句来使用　　　　　　　　　158

　　一种冥想方法——和着宇宙的呼吸：大和小　　　161

第十三章　意识、临在和智慧　　　　　　　　165

　　感恩的巨大成果导向作用　　　　　　　　　　　167

　　"场域意识"的含义　　　　　　　　　　　　　　169

　　价值意识　　　　　　　　　　　　　　　　　　172

　　创造你自己的旅行之瓶　　　　　　　　　　　　173

　　讲故事时发展场域意识　　　　　　　　　　　　175

　　隐喻是什么　　　　　　　　　　　　　　　　　177

前言

意识的隐喻：转化性学习的工具

作为演讲人的你拥有一个用于沟通和激励的强大工具，那就是你可以学习使用高级隐喻，将人们与一些能激发、打开，并在更深层面拓展他们觉察力的关键原则联系起来。使用隐喻来拓展思维，你可以帮助他人在内在探索和发现的过程中，学着进入自我信任中。

将你的价值观念想象成一般缓缓上升的热气流。当我们用一个转化性的隐喻，创造一个关于内心生活的故事时，就让我们搭乘内在的这股热气流，它犹如电梯，带着我们上升、扩展，进入这些价值观令人心旷神怡的温暖之中。

我们领悟人生——因获得认知而欣喜的这种基本能力，就好像是在这股热气流中上升的滑翔机——不断提升，乃至驾驭翱翔。在故事展开的过程中，我们自然地进行着回应，没有丝毫恐惧。隐喻强有力地推动着这个过程，于是，通过我们所讲述的故事，人们立刻就感受到他们内心深处的价值观，看到一个自己获得转化的愿景！

意识的隐喻，也就是你在这本书中将要读到的，在讲述过程中展示的一些关于自我觉察力的拓展，同时也拓展听众觉察力的故事，它们是一个事件或例子，会让我们对故事中那个向前迈出一大步的人产生认同。

梵文中有23个描述意识的词语，而英语中只有这一个。意识的隐喻，旨在为意识开辟新的路径。隐喻的语言可以说本身就是一种"梵文"的表达，扩展了描述意识的词汇。如果你有了一个微妙的觉察，而这个觉察却超出你日常体验的正常范围，意识的隐喻就是帮助人们用新方法拓展他们的觉察——就像是学习用新词语和新图像来表达难以描述的体验。由此发展出更强的感知，可以进行更深层面、更有意义的沟通，就好像幼童学习新的方法进行互动。

意识的隐喻常常是一个故事，主人公是正在进行自我探索的某个人，采取了冒险性的重大举措来实现自己的发展。当我们参与到这样的故事中，有价值的转化就发生了。我们的内在认知与这个隐喻所传递的视觉图像和价值观紧密相联，于是获得了让生命得以拓展的体验。我们倾听着自己的内心，有了更多的自我觉知。

我们需要全身心体验，让我们的内在认知活跃起来，于是我们可以识别、表达出相关的明确的自我发现。这样的故事可以发展并拓展我们的意识——我们的愿景和对价值观的觉察。

人类是投入体验的。隐喻帮助我们一头扎进相关的全身心投入性体验中，仿佛是跳入一汪自我认知的深潭里。于是我们具备了新能力，能够更有效地思考自己的人生，当我们浮向人生湖面之时，此时已是置身于另一个池塘。这个故事让我们能重新投入到自己的核心价值观中，并再次真切地感受它们。

为何使用隐喻这种方式？

我们思维中想象出来的一堵堵墙，很容易让我们的生命变得支离破碎。人们常常蓦然发现被孤立在自己所在的"无线电波段"内，此时，痛苦会让我们立刻觉察到这一点。

个人的痛苦也具有隐喻性质，但是这种痛苦会倾向于制造出一个让人紧缩的故事来——一个将我们关在里面的悲伤故事！我们创造转化性的隐喻，就是帮助他人建立一个强有力的新"身份结构"——这就像是一个有大窗户的屋子，不再四面封闭，然而可以抵挡暴风雨的冲击。

使用意识的隐喻时，我们常常是从承认错误的那一刻开始的。我们描述处在痛苦之中的某个人，以讲故事的方式，体现出智慧的洞察是如何开始浮现的。

我们人类需要研究自己承受着的痛苦，从而能够去聆听痛苦、进入痛苦、品尝痛苦的滋味、有效地质疑痛苦。最重要的是，学习如何超越痛苦。隐喻可以用来提醒我们自己：找到一条路，穿过和超越过去那种支离破碎的模式是有可能的。于是我们放松下来，再一次开始探索自己真正想要什么？此时我们为自己设计了一个开放的"四季适宜的小屋"，同时也可以用来遮挡暴风雨。我们重建思维来进行选择、做出改变。

有些人的"内心地图"和传递的信息让我们费解，而一个意识的隐喻，有助于我们去理解和回应他人的内心地图和信息，也会帮助聆听我们自己的内心信息和地图，但只将其当作信息和地图。换句话说，我们是在提高自己进行有效选择的能力，不再相信那个"自己碰到困难"的不幸故事了。

我们通过讲述自己的故事来帮助别人探索自我觉知的重要方面。我们的隐喻思维是一个全息结构，连接着我们的共有智能和集体意识。你可以超越自己意识的狭窄"波段"，研究整个电波传送系统，了解如何转动命运的转盘来扩大生命的选择范围。

我们可以设计出不同类型的意识隐喻，来打开不同的特质、状态、能力和意识志质，就好像是研究未来天气的"气象员"，可以帮助你选择出行穿什么衣服合适。这些隐喻是人们自己或周围人所体验到的一些意识和觉察的关键标记，当你学习了如何创建意识的隐喻，就是在提高自己多层面感知生命的能力。

隐喻让思维/计划的功能和情感的功能得以结合。当我们为人们创建共同的图景，就是在创造共同的体验。这提醒他们自己想要学习什么、想在何处投入能量。

使用一个意识的隐喻：

- 我们学习着分享自己的体验，让其他人也可以采用同样的方法获得成功。我们展示出他人是如何学习和成长的。

- 通过这个故事，我们了解如何向他人，甚至向陌生人敞开心扉，将他人视作和自己一样的人。

- 我们能够更有效地和自己之前的情感紧缩进行对话，帮助他人超越过去的消极情绪。我们可以在故事中展示这些恐惧，介绍故事中的主人公是如何超越它们的。

- 隐喻让我们更自由地与他人以及他们的经历连接，我们使用隐喻学习如何与深层体验对话。

我们学习进行改变的步骤。这个过程正如一个悖论：痛并解脱着。

本书中的故事

那些对我们自己具有激励作用的故事，可以激发我们的直觉，让我们投入到其中，激励的效果很棒。我们的这些故事恰如一个上演着戏剧的开放的剧院，让我们在其中可以探索人生价值，并将其与他人分享。

无论多小的故事，甚至只是一个展示价值图景的例子，只要它能吸引到别人的注意力，就能够为听众打开其内在潜力之门。想要让这一切发生，我们需要遵照几个基本原则。

我花了一些时间收集了各种类型的故事：我自己的故事和别人的故事——激发转化性思维的故事。你会发现本书中的一些故事会发挥这样的作用，阅读这些故事时，请留意自己的内心反应。

书中大约包含 30 个隐喻，长短不一，其中的很多是之前为教练们设计的。将自己当作一个讲故事的人，来探索这些故事吧，将它们当作促进你思考的媒介。之后，找到你自己的隐喻，创造你自己的故事。

本书中的冥想练习

书中包含一些沉思、冥想的小练习，当你练习这些方法，甚至只是想象这些方法，它们就会和这些故事一样轻而易举地唤醒你转化的潜力。运用这些练习，开发"愉悦的潜力"；或者对其进行改编，创造出你自己的版本。在接下来出版的本系列第二本书中，我会介绍更多隐喻式冥想练习。

系列一和系列二

该书是关于隐喻表达的两本书中的第一本，介绍了运用故事发展价值观的核心元素。下一本书的内容是关于讲故事的技术以及一些实用的辅助方法，介绍如何面向特定人群设计讲故事的具体流程。

在这第一本书中，你将学习如何让人们体验到转化性价值观的激活和拓展，了解在讲故事时如何将这些转变成具体的原则。在第二本书中，我们将会探讨各种讲故事的技术和方法论，包括用"四象限"的方法讲故事。

第一章
找到那扇被掩藏的门

要搞清楚自己是谁,

就成为跳高运动员吧:跳过那根竹竿。

要飞到那一边,

就越过那根竹竿,享受飞的过程!

——玛丽莲·阿特金森

平衡木上的生活

我们生活在创造性觉知的平衡木上：一边是昏昏欲睡的遗忘，另一边是飘忽不定无法摆脱的痴迷。保持觉知的平衡让我想起了我和孙子孙女在一起的一个特别的时刻。在不列颠哥伦比亚省的温哥华附近，有一座悬索桥坐落在一个深峡谷里。那是一个美丽的地方，对面的悬崖上生长着大雪松和铁杉树，桥底下卡比兰诺河在高高的岩石之间蜿蜒流动，波光粼粼的河水撞击在岩石上，飞溅出朵朵浪花，老鹰在峡谷上空盘旋。小小的悬索桥似乎挂在现在与永恒之间。记得上次来这座桥还是在我刚满7岁的时候。

过桥时，我一边回答着7岁孙女赛婕的问题，一边和她一起向下看着峡谷。"我7岁的时候也来过这里，就跟你一样，"我告诉她，"也许有一天你也会带着你7岁的孙女来这儿。"听了我的话，她很认真地思考着。

我们每个人都能进行创造性的思考。对于时间进行的思考尤为有趣。孩子们和我想象着可能出现在意识之桥上的未来的时代。简单地说，我想象着在过去一万年里来过这个地方的世世代代的人，以及他们面对这个壮丽的大峡谷时会想些什么。

我沉浸在想象中，跟随着思绪回溯到从前。我想象着形成这个峡谷本身所需要的亿万年的时间；我想象着几百万年来，可能有许多种眼睛在从峡谷里往外看，现在这些眼睛看到的是同一个地方——这个峡谷现在所呈现出的它在21世纪的脸。我给我的孙子孙女分享了我的想法，他们停了一会儿，然后用我说的"穿越时间的眼光"看着这个峡谷。我们都透过时间之眼看着这不可思议的峡谷风光。

忽然我那10岁的孙子罗斯，决定找一块石头扔进峡谷。"我要让这一刻和之前不同！"他边说边仔细地在灌木丛中寻找着，终于找到了一块合适的石头。然后他走到桥的中间，确认我在看着后，他郑重其事地把石头投掷到远在桥底下的河流里。我们都希望在永恒里留下印记。

吊桥在两岸中间摇摆，就像人类在生活的各种矛盾中通过摇摆来保持平衡。我们通过寻找人类旅程中各个方面的幽默和信任来维持这种平衡。

当我们对自己宣称，人类旅程的所有方面都值得我们去真正满足时，就可能产生可持续的平衡。我们学着通过讲故事的方式来把这个观点分享给别人，我们宣称人类旅程的所有方面都是有价值的，生命因此变得宝贵。这个讲故事的过程就是一连串体验的过程，我们进入了真正满足的流动状态中。我们都想在永恒中留下印记。

隐喻（metaphor）是什么，"meta"是为了什么

隐喻就是大门，一扇具有巨大转化潜力的整合性大门。我们可以穿过这扇门，从自我欺骗走向探索精神世界的真相——那可能是我们常常不敢涉足的领域。我们正如一个被带到月球上的旅行者，需要以全新的方式去观察、走路、触摸和研究生命的所有元素，用全新的视角来看事物。通过隐喻这扇奇妙的大门，我们跨过一个转化性的门槛，进入深入了解人生意义的层面。

请思考隐喻这个英文单词本身：metaphor，meta 这个前缀有何作用？这个前缀的意思是"越过和超越"，就是"从任何情境中向前迈出一步"，而从任何情境中向前迈出一步就是关于那个情境的一个故事，就是一个隐喻（metaphor）！

Meta 这个概念体现在很多与语言有关的例子中：

- 从物理学（physics）中向前一步就是形而上学（metaphysics）。
- 毛虫向前一步，破茧而出（metamorphosis）成为蝴蝶。

换句话说，任何东西的模式，向前一步，都可以让我们发现或是创造一个"元模式"（meta model），这意味着隐喻的一项主要功能是在任何信念或假设的基础上向前迈出一步，从而让听众或读者获得更大的视角。

隐喻是一扇非凡的转化性大门，还在于它也能够帮助我们投入体验自己的深层价值观。通过一个强有力的隐喻，我们能在一个实实在在的体验层面深刻

地记住我们的价值观。

记住（remember）这个词本身具有象征性，记住（Re-member）的意思是再现（re-embodiment）。当我们认同一个强有力的故事，我们就能够通过神经系统轻易地进入、感受、体验和感知。这意味着：我们对这些价值观的感觉和身体层面的体验，共同形成我们的身份，从而在我们的全身创建出一种扩大的"价值连接"。通过这种内在的力量，一个强有力的隐喻可以创造出长远的价值观，能够使人在身体层面和情感层面再次体验到那种对自己人生目的充满喜悦和能量的感觉。

门廊上的爱因斯坦

为了写一篇题为《伟大的科学家所提的伟大问题》的专题报道，一位科学杂志的记者打电话给阿尔伯特·爱因斯坦想采访他，爱因斯坦同意了。当记者来到爱因斯坦家里时，他看到爱因斯坦坐在自家门廊的摇椅上，抽着老旧的烟斗，看着红色的夕阳。

"爱因斯坦博士，我只有一个问题问您，"这个聪明而又紧张的年轻记者拿着一个笔记本问道，"我们想对每位被采访的科学家问一个最关键的问题，这个问题就是，科学家所能提出的最重要的问题是什么？"

顶着满头银发的爱因斯坦坐在摇椅上，眼神闪烁着，说："年轻人，这是个好问题，值得慎重考虑。"边说边洗着老烟斗，慢慢晃动摇椅。

年迈的爱因斯坦靠在摇椅上静静地思考了十分钟后继续沉默，又深深地思考了几分钟。记者充满期待地等着听到某个重要的数学公式或者量子理论的假设。

然而记者得到的答案却让全世界一直思考至今。"年轻人，"爱因斯坦沉声说道，"任何人所能问出的最重要的问题就是：这个世界是不是一个友善的地方。"

"您的话是什么意思？"记者问，"最重要的问题怎么会是这个呢？"

爱因斯坦郑重地答道："因为对这个问题的回答决定了我们如何去生活。如果世界是个友善的地方，我们就会花时间去搭建桥梁。否则，人们会穷尽一生修筑高墙。这，取决于我们自己。"

是什么在我们的隐喻中创造出转化

一个转化性的故事所涉及的关键原则：

第一，所表达的那个图景在某种程度上需要展示一个"完整全面的"的画面——一个完整的人、一个完整的生活、一个完整的价值观或是百分百的承诺。

第二，我们需要从一个观察者的角度或教练的位置进行观察，从而看到这些事件中的转化潜力。通过我们所说的故事，我们让听众加入到这个教练位置上来，于是会形成对这个事件深刻的"教练总览（coach's overview）视角"。在这个点上，我们置身于故事的情节之外，站在那个教练位置，可以将这个事件中的各个"视角"尽收眼底。当有一个教练位置存在，我们也就有了促成转化发生的能力。讲故事时，我们的姿势和表情都会有助于开发这一转化潜力。

第三，我们要展示这个转化的进展情况：从视觉上、感觉上和听觉上（从我们的语气中传达），也从我们叙述的情节中体现出来。我们需要让这种向前发展的态势显得磅礴有力，让人们能投入其中，真切地体验到这个进展。这让我们能够创造出一致性，并从更深层面重新调整自我觉察，从而扩大我们的视角。我们从一个观者的位置指向这个事件。

祖母和盒子

我的外婆很喜欢她家里的各种东西：她的家具、卧室中的系列用具和餐具。小时候我用这些东西来玩,因此对每一件都非常熟悉。

外婆快九十岁的时候得了肺炎,病了很多天,人很虚弱。她的几个女儿确信她时日无多,于是通知大家庭的成员过来看她。当时我出差在外,开车连夜赶回来,到她家的时候已是凌晨。那时候她的病刚剧烈发作过,她的几个女儿和医生都认为她将会这样离开人世。

我看到她的时候,她正好醒过来了。早晨的阳光透过窗户射进房间。我的几位阿姨都疲惫不堪,告诉我前一天深夜她发起烧来,之后睡得很香,看起来她又缓过来了。肺炎最严重的时候过去了。

她靠在枕头上,一边开心地喝着女儿给她递过来的茶水,一边轻声地和我打招呼。我俩感情很深,都很盼望见到彼此。我看到仿佛她生命中新的一天又开始了,心情很激动。她也诧异自己还活着,低声说道:"真有意思,他们说我快不行了,可我这还活着呢!"生活中的危机有时候会让我们以新的眼光来看事物,对外婆而言,在那个早上,她的生命是个了不起的奇迹。

她慢慢回过神来。躺在自己的卧室里,满屋子都是对她具有特别意义的家具。

她用新的眼光打量着屋里的一切,笑了起来,和我开起玩笑来:"这些都是盒子,就是盒子而已。"她边说边挥动着手,向我示意着她的那些宝贝家具和一辈子的财产。

然后,她感激地看着她那双饱经风霜、干枯的手,"我的手还能够动啊,"她好像很惊讶地宣布她的发现,"它们还能工作!跟了我这么多年,真是一双很棒的手!"她又笑了起来,"好吧,究竟什么是身体?真有意思!玛丽莲,你注意到没?从出生那一刻起直到死亡来临的那一天,我们的内在从未改变。身体只是一个壳,就像这些家具——就是另一个盒子。可能我们的自我形象会改变,但内在的自我从未改变。"

说到这里外婆停住了,放松下来。在念与念之间,她热切地进入了这无边无际的"观空"之中。量子物理学家将此称作是隐含的秩序,所有

"电子"、粒子之间持续进行的波动频率。正是在这种"相同"的基础上，形成了所有的不同：连接所有人的那个牢不可破的整体。我和她一起进入那个温暖的境界，在一起坐了半个小时。

随后，她以感恩的语气再次感叹道："我们真是和最开始的那个自己完全一样，两岁的我和现在的我是一个样。"这是她的一个重大领悟，"太好了。"她说，一边小口喝着茶，一边感受着意识的流动和自己的发现。

感受到无边无际的意识（spacious awareness）是一件多么美妙的事情——一种关于整体性的意识。无边无际的意识——我们所有人之间的那种同一性。外婆的快乐秘诀是：抽出半小时的时间，安住在这种意识中。饮饮茶，纯粹而全然地去感受它所有的奇妙！

创造任何东西——讲故事

隐喻的一个重要目的在于：发现某个人的深层智慧，以故事的形式将其作为礼物和他人分享，而不是作为一条建议向别人提出来。我们每个人对于探索自己的内在智慧都有一份天然的亲近感，你的故事就像一块跳板，你借助它跳进那有汪灵感的"池塘"中。

从充满能量的自我发展的故事开始，去探索从你独一无二的生命中会有什么浮现出来。跳入到你过去的某次经历之中，将其转变成一个引人入胜的故事与他人分享。分享你的价值观、生命中发生的关键事件、你的发现，以及这一切对于你的意义。分享你的愿景和疑问。你可以为别人打开一扇什么样的大门让他们从中穿过去？

米尔顿和逃跑的马

米尔顿·埃里克森常给学生们讲他和弟弟妹妹们在明尼苏达州农场上

生活的故事。

一天下午，米尔顿和其他孩子们在农场谷仓院里玩。他们看到一匹奇怪的马——一匹红色的、充满活力的高头大马，沿着大道一路小跑过来。它跑过孩子们身边，停在水槽边开始喝水。

孩子们很惊奇。米尔顿是这些孩子中最大的，他决定做一次勇敢的尝试。他悄悄地爬到水槽上面，然后小心翼翼地爬上马背。他爬到马背上时，马警觉了一下，但继续喝水。

马喝完水后，米尔顿揪住马厚厚的红鬃毛，用膝盖顶了顶马，催促它上路。那匹马听从米尔顿的号令，跑回了大路上。马跑了一段，在一个分叉口犹豫了一下。米尔顿没有催促它，耐心地等待着。最后，马选择了一个方向。米尔顿又用膝盖顶顶它，催促它向前快跑。

四个小时后，米尔顿发现自己来到了山谷里一个完全陌生的地方。一个皮肤黝黑的农民放下手头的活儿，抬头看到米尔顿沿着大路骑马跑过来，他高兴地大喊道："我的马回来啦！"他问米尔顿："你怎么知道要把马带到这里来呢？"

米尔顿回答："我不认得路，但是马认得。我只是让它把注意力放在赶路上。"

讲完这个故事，米尔顿会告诉同学们："这对任何人都适用。人们都知道他们要走的路。我们需要做的就是让他们把注意力放在赶路上。"

探索整体觉察（Holistic Awareness）的过程

隐喻可以带来投入性体验。在一个隐喻故事中，我们将一些人生领悟综合在一起，仿佛他们是真实的体验。整体当中的某些方面或许会成为未来的激发因素——它们会整体地浮现出来，影响全盘思维。

我们每个人都需要探索我们的人生隐喻，无论它是什么。用隐喻的方式来审视我们的人生会给予我们空间，让我们去改变这些隐喻，并对其进行创造性的选择。

我们需要将自己的人生看作是一个具有隐喻性质的整体体验，这意味着我们自我认知的浮现，就像小鸡从一只完整的鸡蛋中破壳而出，将这个体验以一个整体来呈现，而不是描述一系列发生的事件。我们将人生当作一个曼陀罗来体验，它是全面而完整的，而不是"过去发生的零零碎碎"。

给他人讲故事给予了我们去看自己的力量。这时，在这些隐喻故事中，我们看到自己根深蒂固的逻辑排序方式。我们将其变成通往创造性的大门，于是那个曼陀罗式完整的自我发现就浮现出来。关于自己的故事不再只是一些嵌入的符号，而成为创造性的身心体验。

在快乐线上迈出三小步

假设你的人生是一条长线，它代表你生命中收到的所有精彩礼物，在任何时间、任何地点，你都可以轻易地在你生命线上朝着快乐迈出更远的距离。

我每天都进行一个小练习，发现这很有价值。多年来我一直将这个方法推荐给别人：

- 无论你恰好站在什么地方，都想象前方有一条快乐的线，从你这里一直延伸到"无尽快乐的无尽地平线"。
- 留意这条在你面前闪闪发亮、美丽异常的线，上面布满各种明亮好看的深色、浅色（金色、彩虹色、白色或者任何你喜欢的颜色）。
- 现在，想出今天到目前为止你体验到的三件开心事。或许是品尝一杯热茶那香醇的第一口，或许是好朋友的一个拥抱，或许是让大家开怀而笑的一个笑话，或许是享受着阳光的片刻休息，也可以是与一位亲密家人的真情互动，让你感到心满意足、无比愉悦。
- 当每个这样的念头浮现在你脑海，看到你自己在这条快乐线上迈出象征性的一小步，每一步都让你更加振奋，更加意识到这一天中快乐和感恩的时刻。

- 在你回忆、重新体会这一天每个快乐时刻的时候，在这条线上就迈出了一步，一共要迈出三小步。
- 提醒自己明天继续享受这前往无尽快乐的旅程。
- 告诉自己你的快乐线是你一生中印象最深刻、最具深远意义的旅程。

第二章
身份探索、苦难和发现

意识是我们存有的根基（Ground of Being）！
我们不会让它停止运转。

——阿密特·哥斯瓦米（Amit Goswami）

北京的冲浪者

一个春天的上午，我在北京给教练艺术与科学培训课程做教练演示。

我和一位年轻的企业家陈先生坐在讲台上，他很强壮，黑头发、黑眼睛，但脸上忧愁密布。我之所以选他做演示，是因为在整个培训中他一直异常忧郁和安静。

在演示的过程中，陈先生突然开始使用"窒息"这个隐喻。他说："我面临很大的挑战。在我的生活中，我需要做的事情太多了！就像有一张大网把我套住了。这就是我的故事。"当他说这些的时候，呼吸阻滞，手摸着喉咙，头垂了下去。

我故意用怀疑的表情和语调回应道："多有趣的一个故事！这就是你的故事吗？这是你为自己创造的故事！你有没有注意到你把自己困在这个隐喻里了？"

他抬起头，满是迷惑。现在他开始注意我的话了。

我点点头继续说："实际上，人们可以选择一个特定的隐喻来塑造他们的生活。这就是你想要的那种隐喻吗？"

我停下来，他若有所思地看着我。"真的吗？"他很愉快地问道。

"假设你能为你的生活再找一个隐喻，这个隐喻你很喜欢并且可以给你更大的空间，那会是什么？什么样的隐喻才是一个对你有帮助的隐喻？"我笑着问他。

陈先生想了大概足足有2分钟，我和大家一起看着他，等待他的回答。他的眼睛先是看着下面，然后他移动目光，抬起头看着天花板。

突然，他高兴起来。"我想起来了，"他说，"是冲浪！"他说这些的时候两眼放光。

"描述一下你作为冲浪者的生活。当你冲浪的时候你是什么样的状态？"我说道。

他神采飞扬，深吸了一口气。"我想象一下我之前在澳大利亚的那次冲浪。"他说话的时候语调变得很温和。

在我的鼓励下，他开始重述之前冲浪的情景，不过现在他沉浸在他的新的想象中，他想象着自己是一个"内在冲浪者""放松地在波浪上跳舞"。

随着提问的深入，他接着描述了在他工作中"即将面临的冲浪时刻"。现在他笑起来了，就在培训过程中，他说他感受到了平衡、快乐，感觉都要浮起来了。

"我觉得我能在所有这些事中保持平衡，"他说道，"冲浪就是我的隐喻。"

这个电影画面般的故事对他来说非常甜蜜，随着想象图景的不断变化，他的身体完全放松了，他的语音也变得更具幽默感，他说他现在期待着挑战。

我很高兴地看到，他在后续的课程中用冲浪来开玩笑，并且称自己为"冲浪侠"。最后一天，他告诉我他参加的在线商业会谈非常成功，他会继续用冲浪者的心态面对下一次挑战。

又一个热爱冲浪的人冲上了他生活的放松之波，从不堪重负转变为享受生活。

超越身份这种苦难

体现"苦难身份"的隐喻是特别有用的工具，这些隐喻向人们展示出人所承受的痛苦是如何打开自我发现之路，让人获得领悟、得以解脱的。

一个关于人类成长的强有力故事，会体现出某个人在学习走出自我欺骗时所发生的生命转化。这类隐喻描述的是一个痛苦不堪的身份，其内心充满消极想法，也许这个人主要是通过内在评估以及与别人作比较来体验自我这个概念。也许他们体验到的自我概念是牺牲者，或在很大程度上是应受惩罚的人。描述某个人陷入这种陷阱，有助于听者觉察到自己生命中的类似情形。

我们可以用隐喻生动地描述这个人从抽离状态中解脱出来。我们能够详细地描述一个人在某个场景中，如何突破"评判性信念系统"这一障碍。这样的描述展示了一条特别有价值的途径，于是其他人也可以效仿。而这个故事所蕴含的创造性洞察力，可以为听者打开一扇门，从苦难中走出去（正如故事中主人公所做的一样），突破他们自己的障碍。

推动变化的力量

当一个人专心地聆听着对自己所遭遇的苦难的描述时，常常会展现出一定程度的内在自我评估，其表现就是他们会专注地倾听，或在语气上表达出相比较的意思，这个人会以消极的语言和语气在内心对自己说话，其内心的评论可能会是："总是这个样子"，"我一直都是局外人"，或"我就是这样搞砸一切的"。

因此，抽离的习惯必然会带来内在自我分离的个人身份。具有讽刺意味的是，人具有根深蒂固的天然本能，来捍卫这种抽离的内在身份——即便这有碍于学习和解脱。人总是会捍卫那些他们以为是他们自己的东西。这种永不停止的捍卫，让人没有多少时间和能量来体验他们生命中可能实现的丰盛。

我们个人认同什么是自己的身份，就被什么控制住了；相反，我们不认同什么，就控制了什么。这就意味着，无论一个人内心轮番演示什么样的身份、观念（或随着他人的评价而起起落落），都一定会成为个人苦难的源头。因为我们任由头脑中想象出来的那些东西会摆布着我们，令我们毫无办法，于是，人们倾向于将自己老一套的故事看成是自己的当前现实。

"身份即苦难"最强烈的体现是：身份倾向于建立起一种与他人的强烈分离感，这种对人与人之间的根本连接没有深刻觉知的生命，从终极意义来说是沉闷压抑的。一辈子小心翼翼地维护严丝合缝的界限、坚持人我之分、对自己评判的人生，是一种充满恐惧、焦虑、内在冲突和持续深度抽离的生活。

始终存在的自我比较，是一件重要而伟大的礼物。作为人，长久以来，我们的大脑习惯于去关注任何让我们痛苦的事情。一旦痛苦抓住了我们的注意力，我们就会揣摩它、质疑它，想要找到一种超越它的方法。痛苦让自满止步，也瓦解这日复一日上演着、却可能会被我们当成梦想世界的剧情。受苦是通向自由的大门，描述一个人如何克服痛苦、如何将自己从痛苦的牢狱中解脱出来的故事，是非常棒的礼物。

意识的礼物

我们能给予别人最好的礼物之一，就是以故事的方式描述哪怕是一个了不起的自我发现的过程，这就为继续进行自我探索提供了一种方法和路线图。当人们觉察体会到别人身上发生的这种转变，他们也会在自己身上进行探索，并开始思考扩展他们自己愿景的可能性，想象自己在更高一个层面进行选择和改变。

你在故事中的提问能够强有力地将听众带到新的意识层面，使用一个有力量的隐喻，人们就会看到他人及自己身上的脆弱性。在故事中，用所描述的超越过去的自我欺骗、自我评判和消极习惯来寻求真相，会吸引他们的注意力。

人们开始探索他们自己的内心深处，抛开教条、固有观念以及他们当成自己身份的角色，开始探索人生原则和目的，找到新的方法，带着优雅与力量来应对挑战；开始有更大的目标和愿景，成为有抱负、能够为他人做出重大实际贡献的人。

通过这样的故事，听众开始真正看到他人正在进行极大的努力，开始深刻地感受故事中的每个片刻，他们真正的内在觉知开始打开。同时，这个故事让他们认识到自己内心深处的疑问，描述生命苦难能让每个人意识到这些真相，就是非常有用的故事。

苦难以最自然的方式给予我们所有人一件礼物，那就是更宽广的意识。听到别人在述说如何找到他们自己要走的路，对于听者而言是一件真正的幸事，会鼓励我们找到自己要走的路。隐喻性的描述给听众打开一扇通向内在了悟的大门。

在听故事的过程中，人们会真切地感受到自己的抽离状态，开始放下所有狭隘的、让自己待在舒适区的简单认知，开始发展自己真正聆听他人及其需求的能力，了解生命中的痛苦，将其看作通向自我探索的道路。

当我们体验到这些，我们就开始醒悟，意识到自己更深的实相，而这必定会让我们认识到自己与他人之间的连接。突然之间，我们开始觉知到那甜蜜、真实、美好的内在，于是会主动去和他人分享。

玛格丽特的故事——选择是否得亨廷顿病

当我第一次见到玛格丽特时，她看上去富有魅力，黑头发，面带悲伤。随后她很快便告诉我寻找教练的原因。她被诊断为亨廷顿氏病的携带者，这种病是一种以雌基因链为载体的致命病症。从组织遗传学角度看，这种病的病因不详，会必然导致早期的阿尔茨海默病样症状，然后会缓慢地丧失精神功能，十年后会走向死亡。携带这种致病基因等于判了死刑，毫无例外，这意味着这种疾病的症状迟早会显现。

在我们第一次见面之前，玛格丽特才刚刚发现她是这种病的携带者——注定会得这种病。仅在五个星期前，她50岁的妈妈被诊断为携带者。她被确诊的时候，就在我们见面的前一周，她已经怀孕了。对胎儿羊水检查，发现胎儿是女孩，也是亨廷顿病的携带者。怀孕两个月后，她做了流产，流产三天后她来见我。她现在有一个孩子，一个5岁的女儿，她决定不让女儿做这种病的检查。

作为教练，她对我的主要要求是帮助她确定未来。她告诉我说，她对最近的流产感到悲伤和内疚。我们讨论了她的目标，几分钟后，我告诉她利用"时间线"工具会对她有帮助。她很好奇并愿意试一下。

在后续的交谈中，我让她想象自己浮升到远远高于她整个生命领域之上，以便她能看到她生命的全部范围和延续，从她的出生开始到遥远的地平线。我请她想象自己的生活是下面的一条光明的线，她漂浮在她生命的上方，俯瞰到了探寻她内在可能性的那条想象的线。她说她的时间线五年后就"消失"了。她说这个可以理解，因为她的孩子已经被打掉了，"我觉得我没有未来"。

我要求她通过心灵的眼睛，沿着时间线回溯到得知诊断结果和做出流产决定的七天前。我问她："是因为爱孩子才做的决定吗？"她迅速回应："是因为爱。我觉得这是能做的最好的事情。"我问："如果可以，你会对你爱的这个小孩说什么呢？"她点点头，带着深深的感情，诉说着她对这个失去的小生命的悲伤、祈祷和爱。"现在，"我建议，"回溯到更早的时候，回到事件发生之前。还有愧疚吗？悲痛呢？"

"它走了。"她用惊讶的语气回答说，"我觉得一个重担卸下了。"

此时，看起来一个最重要的任务已经完成。玛格丽特已经原谅了她自己做出的选择，并为她未出生的孩子送去了祝福。她通过时间线的天然内在逻辑，重新审视自己的生活，她的悲痛已经痊愈了，她从旧的情感信念转变到现在能欣赏她的真相：她发现自己是爱孩子的，并出于爱而采取了行动。她意识到这是她"更深的真相"。

接着，我有个进一步的想法决定尝试一下："从你告诉我的情况来看，好像你觉得你对得亨廷顿氏症别无选择，"我说，"看起来，人们不知道这种病具体什么时间会发作，只能猜测这病的症状什么时候可能发生。他们可能发生得很早，也可能出现得非常晚，这意味着有些人可能会在症状出现前活很久很久，是不是这样的？如果对症状的'开始日期'是你可以选择的呢？如果这个选择你能控制呢？"玛格丽特思考着这个想法。

"如果实际上你可以选择出现亨廷顿氏症状的年龄，这个年龄对你来说可以得这个病了，那会是多大？"我问。"哦，大概是100岁。"她开玩笑地回答。

"很有趣，"我回答说，"你愿意真的这么做吗？你内心深处的直觉有令人难以置信的能力，它能为你心跳，为你呼吸和医治疾病。也许有一天你会得亨廷顿病，但只有你的潜意识可以决定什么时候得病。如果你问它，你认为它可以满足你的要求来合理地规划这种疾病的发作吗？你可以要求它让你活到100岁才开始发作吗？

她很高兴地考虑着这个想法。"我想是这样，"她缓缓地说。然后马上欢呼雀跃，眼睛亮起来，在我的帮助下，她向内在提问并感受到了一个积极正向的回应，"嗯，安顿好了！"她说。

她突然想起，她的时间线未来五年后就消失了。我告诉她，她是她内心地图的绘图者。

"你要延长你的时间线吗？"我问。"你要注意到时间线很有弹性。任何人都可以直接去延长他或她的时间线！在心灵之眼里，你可以下来抓住时间线的一端然后将其像拉橡皮筋一样一直拉到100岁！边拉边看着它变长。"我指着一个假想的视觉形象说。她点了点头，看起来她对她内心的结果很惊讶：是的，她现在可以很轻松地看到一条很长的、强大的、发光的线一直延伸到100岁。为了长久保留，她内心用强大的魔术贴固定住了这条线。

在离开我办公室之前，她对她未出生的孩子又说了一遍："我会照顾你的，"她说，"我会带着你和我一起生活。我爱你。"

她笑着离开了，并说她是"彻底完整"的。这是我们唯一的一次教练对话，对她来说已经足够了。后来，我在她居住的城市里遇见过她好几次，她看起来和听上去都生活得非常好。

世界的朝圣者

通过一个故事，我们可以看到某个人开始体验到与自己周围每个人的根本连接，这种连接常常让人谦卑起来。我们会看到，一开始这个人可能感到困惑，之后我们注视着、倾听着故事的进展——故事中描述的经历促进了这个人的成长，让他进入更深层面的自我认知，对他人怀有温暖的感觉。

这样的故事有何作用？在这种故事中，我们常常看到一个人从骄傲到绝望，再到临在（presence）的转变过程。我们对于自己被冒犯权益（offended entitlement）的信念瓦解了，正如故事中的那个人，我们失去了自我重要性。

这是所有苦难给予我们的伟大礼物——放下自我重要性。于是我们可以获得自由，成为生命的真正探索者。我们丢掉那些自负的残渣、浮沫，向前迈出一步，愿意以新的视角来看待他人。于是我们的情感得以转变，体验到连接、放松、享乐、确信和爱。

现在，我们只是这条自我探索之路上的朝圣者，我们的故事得以重新开始。

第三章
为隐喻的风景播下种子

未知生,焉知死。

——孔子

已有脚本的情感（Scripted Emotions）= 预先录入的结论

大多数人的内心世界充斥着已有脚本的情感——那不过是些预先录入的结论，以及一些纠结的、常常自相矛盾的自我期许的微观隐喻。

这些预先已有脚本的情感不过是一些关于自我重要性、自我抽离、自怜和自欺的老一套，是在头脑中上演的悲情电影。大多数这些记忆不过是周而复始的、无聊的老一套悲叹。我们将其称作是"自我组织的隐喻"（ego-organizing metaphors）。因为如果你仔细观察一下，就会发现他们夸大了投入性自我聚焦（associative self-focus）和自我评判。

如今，世界上各种文化中都盛行着这类已有脚本的情感，不过，这些情感的脚本如同不幸的风景，常常就像是那寸草不生、被大风刮过的沙漠荒原——丰盛和成长的可能性也一并被带走。

事例：一对老年夫妇在一起已有 60 个年头了，妻子临终之时，丈夫向她表达自己忠贞的爱，他说："结婚这么多年来，我一直都把面包皮吃了，你就不用吃面包皮了。"妻子回答说："可我一直想吃啊！"

如果我们六十年来都不告诉我们的伴侣自己想要什么，这意味着什么呢？意味着六十年来我们都在聆听着内心深处的某个哀怨的声音，我们只听到内心那要求自己坚忍、严守规则的脚本："我一定得……我需要……我必须……"

这对老年夫妇不过是一个很小的例子，而实际上我们常常会碰到的这类故事是关于扩大化的、抽离的身份隐喻，其中没有任何快乐和希望，比如："我的生命中永远不会有爱，因为……"（这种想法一直在头脑中萦绕）

消极的念头是恶性循环的——这是一个永无停息的大循环，以内心比较性的负面评论为起点，转一圈还是回到原来的那个负面情绪中。人们陷入沮丧中，而这又会造成那老一套已有脚本的悲伤故事再次上演。

当你碰到重复性负面情绪时，提出以下问题：

- 能否觉知到这个情绪是在什么情境下发生的？
- 这个人或这个团队是不是失去了情境感知能力（context awareness）？
- 他们在情感上是否仍然沉漫在这个故事中无法自拔？
- 他们是不是真的相信自己的那个伤心故事？
- 他们能否尝试着从他们对自己说的那个故事中走出来，进入其他人的观点和体验中？

一个强有力的意识隐喻可以发挥以下三个主要作用：

1）让故事的主人公从他们那沮丧的老故事中走出来，从更丰富的情感视角来看这个故事，从而带来积极结果。他们可能会看到自己和故事的主人公有相似之处，开始从观察者或教练的角度来看待这个情境。

2）为听众重新构建一个描述真实情况和自我觉察的情境，让听众自己的老故事不再发挥威力。当听到一个自我实现的故事，听众会从这个旧有身份中解脱出来，这会改变一切，会让他们的那片不毛之地繁荣起来，重新实现新的成长。

3）会引发积极情感，尤其会带来笑声。让这个人体验到一种解脱的快乐，于是之前那些习惯、角色以及他们曾经当作压抑的十字架来背负的规则，现在却让他们发笑，他们发现自己能够愉快地思考着怎么打破那个习惯。

愉悦的笑让自我实现的大门敞开，转变会自动、有机地发生，笑瓦解了身体的障碍、头脑中的障碍，让改变进入，而将那些常住在里面的悲伤预言赶出去。笑的时候我们体验到自己整个身心都在扩展，很美妙。

丢掉"死亡"面具

已有脚本的情感是预先设定好的，于是我们不再寻找自己想要什么、需要什么，他们就像是独立运作的小电脑程序。情感脚本化让人很容易沦为恐惧小妖们的猎物：

- 恐惧梦想
- 害怕失败
- 害怕得罪人
- 害怕冲突

这些已有脚本的情感大多是完全机械运作的，无需任何合理的原因，就会自动重播内心活跃起来的某个声音。

事例：一对夫妻之间爆发了一场激烈的争论，不是因为任何当下的问题争论，只不过是一场以前的争吵在他们的头脑中录了音，不断地重播，之前和配偶之间发生过一次不快，那愤怒的声音被记录下来，在内心不断重放，总是能听到那个声音。一两年后，在完全不同的另一个情况下，那个声音或许还有几句争吵中说的话激起了配偶的情绪，于是原先那个愤怒的感觉又冒出来了。因为一个之前的录音毫无意义地重复播放，在当下得到放大，于是原先的那种感觉来到了现在，夫妻俩又吵了起来……实际上还是在吵过去那场架！内心的弦被拨动，木偶们就跳起无意义的舞蹈来。

我们使用强有力的隐喻性图像，可以帮助听众找到一个安静的地方。在那里他们可以聆听着处在类似情境中某个人的故事，聆听着那美好的真相，并且对此进行观察，捕捉最棒的瞬间，看到呈现的结果。

造成脚本化情感的那个消极狭隘的低语、那个老图像和单调的录音不断重复，很大程度上是在循环的过程中不断得到增强和放大，人们一次次地聆听着表达同样担忧的同一个声音，于是这种讨论在内心一遍遍上演。

如果他们加以留意，会注意到有时候这些声音是将自己与别人做比较，夹杂一些消极的内心评论。这是怎样的一个过程呢？与这个内心声音相关联的自我认同，往往都不会促进我们整体的人生发展，这个声音会说，"我是"，就像"我是这一类人……"这种表达。而实际上，它所说的那个"我"根本就不是我们真正的自己，它表达的可能会是笼统的一概而论。而真正的情况并非如此，就比如"我永远也不会……"这种陈述将立刻导致分离感和迷失感。

经研究发现，与脚本化情感相关的内在图像有一些有意思的特征：
- 它们通常是没有颜色的单调图片。
- 它们让我们看到的自我形象比他人的更小或更大。
- 它们可能会看到自己受他人控制。
- 它们将自己局限于一个立场、一种视角、一种情感基调。
- 它们发现自己内心处于苍白的抽离状态中——一个死亡的梦想世界（a dream world of death）。
- 这个视觉意象常常会完全停滞下来。其中最消极的部分会被定格，这会引发内心评论。

如果这些消极的图像成为人根深蒂固的习惯会怎样？他们会有非黑即白的想法、狭隘的关注点，也缺乏能力去留意自我发展的情况。

我们内心对自己或对他人的认知完全停滞下来，不再有发展的认知。表现出来就是预先录入的内在评判，这会让人马上响起警报，立刻得出结论。出现一个负面结果时，一个内心的声音可能会这样下结论："这次失败了，意味着哪里出问题了。"往往这意味着错误在你身上（在某些方面你无法胜任、无能或者应受责备）。

这些内心活动可能会表达事关个人生存的一些因果关系——而它们只不过是谎言。例如，这个内心的声音告诉我们：哪些行为和信念会伤害或保护我们。而实际上，它告诉我们的是：我们会完蛋、我们没办法活着离开这里！它告诉我们：没有了我们，生活会继续，会甩开我们向前走，而我们却卡在那个老套的悲伤故事中出不来。

这类结论让人和他们真正的生命脱节，它们占据了内在的全部空间，不留任何空间来发展新的学习机会、新的连接、新的人生体验，打消好奇心，让这个人不太可能去尝试、试验和冒险。

用自我实现的故事来开辟道路

你可以通过讲故事的方式，帮助他人去开辟或发现一条通向内在觉察的路，这意味着他们再次获得自我改变的希望。你能怎样帮助他们摆脱这些脚本化的情感呢？

描述一个自我实现的故事是一种途径。这个故事就是一个详细的例子，描述一个人如何展示力量、能量和目的。听着这个故事，人们开始发现内心深处那意识之光，你可以带领他们一起走在这条内在觉察的路上，找到内心的平静。通向内在觉察的大门一直就在那儿，此时内在觉察的蓬勃发展再次成为可能。

如果在你的故事中，你描述了某个人超越了内心一直响着的录音，进入即将迎来崭新开始的广阔寂静之中，那将会怎么样？你向听众描述了一个人如何超越自己情感层面的内在对话，听众的好奇心会让他们对自己进行同样的探索、做出自我改变。这个隐喻的图景会帮助人们重新连接上自己内在对积极可能性的探求，于是他们立刻就有可能会发现自己更深层面的实相。

如果我们认真地观察，就能看穿一切旧的"死亡面具"，看到一个真正的大活人。当我们注视他时，他会抬起眼睛；当我们连接上他，那个人的真正本质就会开始显露出来。然后，那个人会害羞地向前一步，接下来会发生一场与以往不同的对话——无论内在还是外在都将不同的对话。

俄罗斯广播

下面这个俄罗斯广播电台的故事，旨在提高对内部对话的好奇心，内部对话是负面情绪病毒的"载体"。

1989年，我第一次在俄罗斯开始教授课程时，那时候俄罗斯刚"开放"，我的授课地点常常被安排在苏联时代离大城市不远的乡村疗养胜地。一到宾馆打开房门，我总会听到墙上的收音机里传出的刺耳音乐，宾馆房间里没有电视，只有这种娱乐方式。从一个城市到另一个，这些宾馆配备的广播通常都一样。

放下行李之后，我做的第一件事就是去找墙上的收音机，想把它关掉，但我只发现一个内置到墙里小指头大小的设备，一个音量旋钮。音量按钮只能把声音调大或调小，不能关闭，即使音量开关转到底，还是能听到一个小小的声音。

俄罗斯广播会在午夜停播，早晨 6 点重新开始。当刺耳的小声音突然响起的时候，我一般是在做早间冥想，或是静静地醒着。小声音高低起伏，回响在房间的各个角落，每天都提醒着我所身处的这个环境。

想想看，这难道不像你自己的"内部对话"系统吗？我们内部都有各种各样的声音，如果你聆听他们，随时可以听到。如果我们注意，我们会发现这些广播的消息内容基本上是重复的，他们也可能是情绪化的和消极的，他们塑造了心态和心情。你将如何超越这些随机的信息系统，从而拓宽你的关注区域？听俄罗斯广播吗？现在，拓宽你的注意力。

用开放式问题搭建内在花园

如何用隐喻搭建起一座觉察的花园，让觉察力在其中得以成长？在这块贫瘠的土地上重新播种的方法之一，就是在讲故事的过程中提出丰富的开放式问题，这些问题旨在帮助人们往他们的觉知中添加细节、获得更多层面的认知、激发想象力、点燃成长之火。所有人与生俱来都是神秘主义者，都天生会受到优雅和美好事物的吸引。一个关于自我实现的故事会打开每个人的心扉。

我们在讲故事的这个情境中进行提问，就像在教练中强有力的发问一样。通过提问，我们展示出范围更大的积极提问与积极成长之间的联系，增加了关于决策、生命能量和真正改变的愿景，展示了践行价值观的人生，激发人们搭建他们内在那个成长花园的潜能。

教练可以使用开放式问题这一工具，帮助听众寻求新层面的一致性（coherency）。通过强有力的发问，我们邀请听众重新唤起自己的内在表达和积极愿景，这些开放式的问题推动我们的听众探求自我认知。在故事中提出开放式问题，旨在帮助人们在自己的觉知中添加细节，获得更多层面的认知。

留意开放式提问有三重作用：

1）在一个人描述经历时，开放式问题以礼貌的方式对其进行回应，不会与其他人的想法混淆。

2）开放式问题触及一个人意识知觉之外的觉察和体验，通过这些提问让他们得以意识到这些觉察和体验。

3）我们所有人都可以使用开放式问题，来帮助他人探索他们心智地图中、脑海中的符号和隐喻，让人们开始从内在探求自我认知。

当你提出强有力的开放式问题时，人们就会超越平时的思维，开始向内探寻，检查自己所有的体验，找到自己的答案！

玛丽与休克疗法

多年前的一天，一个名叫玛丽的客户有了"决定性思维转变"。在第一次简短的信息收集对话后，她给我的感觉是她坚信自己已经支离破碎，梦想着能过上"正常人的生活"。我看着这个年仅20岁有着一头卷发的漂亮女孩，她是那么聪明和幽默，她开始讲述自己的故事："在过去的四年里，我接受过160次休克治疗。"我听后迷惑不解。

大约16岁时，她开始时不时地为小事和母亲争吵（对一个刚宣称独立的少年来说，我认为这是非常正常的行为），但对玛丽来说，自己的独立宣告引发了强烈的内在自我反抗。她内心冲突如此激烈，以至于要求妈妈带她去看精神科医生。

我忽然觉得她和我15岁的时候非常像。少年时我离家出走，后来和心理医生进行了几次自我探索对话（我记忆中我们只是坐在那里，我对那种谈话治疗方式很失望。）。

玛丽接下来告诉我的事让我很吃惊，她母亲为她胡乱选择精神科医生，由此导致了灾难性后果。第一次治疗，精神科医生就决定对玛丽实施休克疗法，他要求玛丽马上住院，并进行了一系列治疗，多达16种方式。

玛丽说那些治疗让她记忆丧失，不能再去上学，只能在家里被父母照看。当她从医院回到家后，家人像对待一个重病患者一样对待她。

玛丽继续讲她的故事。她开始出现了一个新的习惯，"休克疗法"的习惯。玛丽成了家人关注的焦点，她逐渐恢复了记忆，开始出现对父母过度保护的应激反应。一个疯狂的循环开始了，并且一次又一次，年复一年地出现，她打车回到医院，要求精神科医生给她进行更多的休克治疗，医生满足了她的要求。

经历了四年160次休克治疗的玛丽，现在坐在我的办公室里，祈求能过上"正常的生活"。"听起来你像是对休克治疗上瘾了，"听完她的故事我回应道，"尝试新事物对年轻人来说很正常，"但这次的代价太大了，你觉得呢？"

"这意味着我永远完不成学业，"她说，"我从没努力学习过。"

"但你现在正在学习，"我说，"你对这件事的反应看起来非常真实、准确，并且你对自己很坦诚。你说你想要一个正常的生活？"玛丽点了点头。"那么，告诉我，你的愿景是什么？这个想过正常生活的目标是不是对你足够重要，以至于你愿意做任何事情去实现它？"

说完这个，玛丽开始谈她的希望和梦想。我鼓励她谈下去。她谈到了像同龄人那样约会、一次很开心的舞会，甚至谈到了结婚组建一个家庭的可能。她讲了她的想法，谈到了想接受更多的教育和想成为什么样的学生。

她描述了她想成为什么样的母亲。我鼓励她："所以，你有很强烈的想法和希望，你怎么让这些成为现实呢？你自己的人生道路会是什么样的？"

现在玛丽怀着对过去恐惧的好奇心，开始放松地探寻着。我问她是什么引起的这些恐惧？她沉思着，思绪好奇地在过去的生活中游走，突然她想起她小时候做的一个"再也不让妈妈生气"的决定。她清楚地记得，她只是一个小女孩的时候，他们家住在乡村，离学校校车路线很远，有一个冬天，暴风雪非常大，她和三个姐妹整个月都待在家里，她母亲便试着在家里教育四个女儿，但孩子们总是嬉笑玩耍不好好学习，导致母亲感觉很挫败。好几次她很生气地对她们说："你们太不听话了！我快累死了！我管不了你们，再管你们我就疯了！"

玛丽继续讲她的故事。终于有一天，她的母亲由于崩溃离开家在医院待了一个月。玛丽吓坏了，觉得妈妈生病是自己造成的，她发誓如果妈妈回来，再也不会给妈妈惹麻烦。

当玛丽讲这个故事时，我仔细地听着。"那么，对那个时候的你来说，看起来真的是你引起妈妈生病的吗？"我用怀疑的语气问道。一个小女孩很容易有错误的理解，她不懂一个人并不能导致另一个人生病。相反，如果他们发现，一个人能完全控制他或她自己的内心状态会怎样呢？如果她明白只有我们自己能控制自己的内心世界，并影响我们自己的情绪，其他人也是这样呢？如果她知道，没有人能使别人有任何的情绪问题，我们的感受总是属于我们自己的呢？

当我问这些问题时，她抱着开放的心态陷入沉思。"我想我一直都知道，"她说，"至少，我现在知道了：没有人能'使'另一个人疲惫或不安。情绪和感受都是我们自己造成的，不是吗？我当时还小，不明白这些。"

"对，对，玛丽，"我说，"对自己负责意味着很多，我很高兴听到你能为自己做决定，否则我们就都是机器人了！"

然后，她咯咯笑了一会儿。"真有意思，真的，"她说，"你想想看，这太搞笑了，我再也不会这么做了！真是大错特错了！"她又开始咯咯地笑，然后大笑了起来。"真是有趣，"她说。她捧腹大笑，越笑越厉害，从椅子滑到地毯上，她四脚朝天，打着滚笑。大约过了两分钟，她转为号啕大哭，我惊讶地看着她。然后她站了起来，平静地拍了拍自己的衣服，毅然地说："对！我再也不要这样了！"

她做到了。她在市区开了一个特别有趣的商店，二十年来，我时不时地会在商店里看见她。她通过一次教练对话，坚定地按自己的方式重新开始生活了。

倾听内在认知

在故事中提问时，我们既在提问也在倾听。我们进行倾听这种行为就会让我们的听众观察到、学习到。提出开放式问题时，我们展示出认真聆听自己内在认知的过程。开放式问题的提出，也展示出我们认真聆听他人的这一过程，即使在我们继续述说故事时也还是在聆听着。

我们展示了一个沉思和揣摩的过程。在这样做的过程中，展现出沉思带来的内在觉察。正如划皮艇的人会聆听呼吸的变换，将划桨的节奏与呼吸保持一致。我们也是一样，在整个讲故事的过程中，我们也展现出以欣赏性的方式聆听内在觉察的变化。于是，我们的听众会开始效仿我们，和我们达成一致步调。

在故事中自我探索的环节，这种聆听和沉思的态度得以充分体现。你可以随着故事情节一步步展开，对其进行描述。随着这个隐喻故事的发展，这种态度引领着你的听众去沉思、探索和倾听他们自己的内在疑问。

在一个一步步展开的隐喻中，对这些内在觉察的变化进行描述会带来好的效果，它们体现出令人震撼的临界点变化（tipping point change）。一个人或一个团体可能会有这样的信念，"如果我去满足自己的需求，就会被他人看轻了"；或者这样的信念，"我不被人喜欢是因为我表现得不够自信"！可以用一个故事来展示这个信念的相反面才是对的，于是个人或团体对真正价值的更强烈认知得以建立。在故事中，我们看着一个人成长、发展，学习如何找到内在的确定性。听众会思考，而他们之前的信念会瓦解。

事例：在玛丽的故事中，在她进入反思和自我探索的过程中，她思维中"我一定不能让妈妈生气"的这个信念瓦解了。"我再也不会那样做了！"让她成功地从中解脱出来——很棒的警句（punch line）！她的故事会帮助他人思考要找到自我发现之路所要做的改变和承诺。

在设计你的故事时，花点时间向自己提问：

- 人们从什么地方抽离出来？

- 他们在何处忘记了对自己真正重要的事项？
- 他们是怎样抽离的？
- 他们怎样才能找到一种重新聚焦的途径，回到轨道上来？
- 他们是如何发现这个途径，并带着力量和目的通过这个途径实现目标的？
- 他们更大的目的是什么？

在设计故事时，你可以在故事中展示主人公获得的那种解脱，以及重新聚焦于内心的自我探索，这将会引发听众新的成长。一个隐喻故事能实现很多，那些提问就像新播下去的种子会慢慢长大，于是，原来的那一片风景如今已焕然一新。

红发男人

什么是恐惧症？恐惧症在局外人看来完全非理性，但是对备受恐惧折磨的人来说，它非常强大并难以摆脱。

多年前一个心理学家和一个女律师之间的对话，带给了我深刻的启迪。这个女律师有点尴尬地向心理学家透露了她的恐惧："我无法忍受红头发的男人，我不相信他们，我觉得他们非常危险，我知道这听起来很疯狂。要命的是，下周我们的新主管从多伦多来到我们这个城市工作。"她深吸一口气道，"他有一头火红的头发，我不认识他，但我见过他的照片。这对我来说是个巨大挑战，我没准得辞职。"

想象一下，一个年轻并富有魅力的女律师在认真地讨论让她郁闷的选择。"红发男人怎么了？"心理学家问。"别想改变我的看法，"她僵硬地回答，"基本上他们都是混蛋。"

"太让人吃惊了，"心理学家说，"那现在好像没办法让你继续在律师事务所工作了？"她做了个鬼脸，颤抖着点了点头，看起来有些悲伤。

有很多种方式可以化解恐惧，而这个女律师却如此焦虑，心理学家就很好奇：人们怎么就能使假想出的恐惧这么真实呢？

心理学家要求她走进记忆里，回想第一次她觉得红发男人很危险的场景。"回想一下，没事的，"心理学家说，"你想起了什么？"

她咬着嘴唇。"我记得很清楚，"她说，"我两岁的时候和哥哥在草坪上互相投掷沙滩球玩。那个草坪是个倾向马路的斜坡，我哥投球过来我没接住，球就沿着草坪滚下去，滚过马路牙子上，然后滚到马路上去了。我见路上没有车，就追着球要捡回来。突然，一辆卡车飞快地拐过来。我弯腰去拣球时，卡车司机一个急刹车，非常恐怖！然后一个鲜红头发的高大家伙走下来，非常愤怒地把我拎起来放到路边。'你不想活了？小丫头！'他厉声说道。"

这件事造成了她一生的心理障碍，而她越是关注什么就越得到什么。毫不吃惊，后续所有红发男人都被女律师归为难相处并且很危险的一类人。

没过多久心理学家就消除了女律师的恐惧症。随后，又帮助她消除了对红发男人的定论，让她意识到这个结论夸大了范围，恐惧随之消失。"我愿意给新主管一个机会，也许红头发只是巧合！"她欢快地说道，然后离开了心理顾问的办公室。

恐惧症并不难消除，通过一次会话就可能做到。女律师最大的收获是认识到她是在通过自己的期待来看待别人。她仍在原来的律师事务所工作，但开始有意识地去审视自己的看法。

第二次谈话后，她开始重新审视生命中遇到过的红发男人。对她来说，意识到自己造成了这些恐惧，能让她发现自己存在盲点，新的学习由此开始，并不断深化，这种自我发现对她的个人成长意义重大。

第四章
人为何受苦

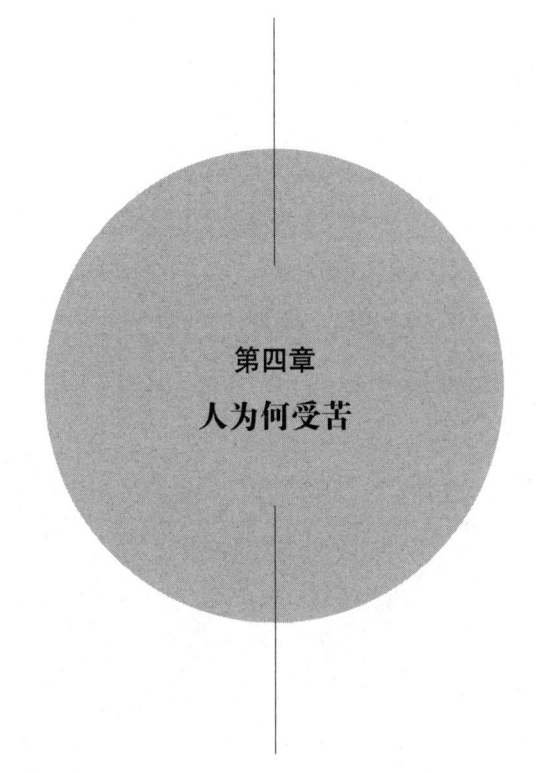

万物皆有缝隙,那是阳光照进来的地方。

——莱昂纳德·科恩

摆脱隐喻式的痛苦，获得了悟的觉察

你可曾考虑过大多数的痛苦都源于人们对自己重复的某个"消极隐喻"？

可以将受苦定义为"不同在（not being with）"，或者是"对某个痛苦感到难受"。换句话说，我们所说的痛苦是我们制造出来的，让自己体验到无助和焦虑的隐喻式痛苦。

这常常是一个将我们与未来分离开来的故事。当我们认为自己与某个未来之间没有真正的连接，就会痛苦。当我们在内在的故事中觉得自己可怜，对自己说不会得到想要的那种未来——于是我们就会受苦。

在这种类型的受苦中，常常可见一些对时间的观念，比如"在我短暂的生命中……"这种表达。时间这个词根源于"不断持续的无限性"、"不可延续的某个事物"或者"被中断的东西"。"个人时间局限性"的观念让我们变得渺小，时间往往被想象成一个沙漏——"生命与重生的计时器"，很容易想象沙从沙漏中流出来，我们的沙越来越少的画面。

请注意，我们的隐喻可以改变他人的这种人生脚本。通过我们的故事，我们可以展示生命中新发现的强大力量，由此帮助他人重新建立起内在与某个未来的连接。

此外，这就好像是那个"沙漏"，只需要将我们的"计时器"倒立过来，我们就会体验到重生——就像那句谚语所说的："……翻开新的一页。"我们完全能够伸出手去，将那个沙漏反转过来，尤其是当我们满眼看到的都是那些逝去的机会而抱怨人生时。

人们总是与一个未来有连接，但是这种连接不会，也不可能是个人层面的！个人的时间这种想法是一种错觉！仅仅从定义上来说，这种希望时间是个人的想法都注定会带来失望。当我们展示出一个人的生命是如何打开另一个人的生命时，我们就是在推进"我们"的未来。我们"将自己的计时器倒立过来"，有了更大的愿景，于是我们体验到重生。我们真正的生命和未来就好像是在接力跑中传递接力棒，我们都是人类这个大团队中的一员。

受苦来自于试图逃避"不是"（not being）。当我们碰到某个局面，感到无法承受，我们所做的就是抽离。作为一种抽离的状态，受苦意味着某个事情"太可怕，无法与其同在"，我们就"不与它在一起了"。自相矛盾的是，当我们"不与它在一起了"，我们甚至都没有意识到自己"与它不在一起了"！因此，简单地说就是：我们没有与不在一起的那个自己在一起。我们体验"不是"来逃避"不是"，这真是讽刺。这种对时间的狭隘观念是一种局限，在怎样更大的图景中，你发现自己是 OK 的？在人类这个团队中，你发现自己是真正 OK 的、满足而自由的？当我们所讲的故事将人们与这个更大图景连接上，时间这种局限就消失了！一个人只需伸出手去，将那个计时器倒立过来，就会有个崭新的开始！

这会为你——隐喻的创造者——提供一个非常棒的激励手段。在故事中讲述一个致力于造福众人的更大愿景，会推动听众进入真正的生命中去。因时间而受苦的这种观念，有一堆会扼杀激励和快乐的理论。人们想象一个未来，在这个未来中，他们看到自己世界中的"其他人"享受着生活，在吃喝玩乐，且好事连连。他们感到自己不在这个美好未来中。在他们想象的这个美好未来的图景中，有那些他们与之做比较的人，他们将"这些幸运儿"看成是享受美好生活的人，但自己却不与这些人在一起！

我们用讲故事的方法来粉碎这种自我欺骗。通过我们的隐喻，我们轻声呼唤：

> 将你的沙漏倒立过来！
> 让你的痛苦头顶地，脚朝天！
> 将你的未来翻过来，获得醍醐灌顶的领悟。

那些让人醍醐灌顶的故事向我们展示了什么？

- 它们展示出超越时间的认知，引领人们进入更宽广的意识之中。

- 展示出某个人学着连接自己的内在信任和深层信仰。
- 展示出改变和重生。

你是否有兴趣发现或开发一些能达成这些效果的故事呢?

酒鬼的故事

20世纪90年代初,在俄罗斯车里雅宾斯克城,心理学家举办的一期成瘾性研讨培训班里,我与一个年轻的"酒鬼"一起做培训示范。他叫谢尔盖,衣冠不整,瘦骨嶙峋,已经出现了包括肝损伤在内的一系列严重的健康问题,希望通过培训戒掉酒瘾。在接下来我们的谈话中,他发现了阻挠他戒酒的最重要的原因。"如果我不喝酒,我就会失去所有朋友!"他用颤抖的声音闷声说道。他的身体软瘫下去,屏住了呼吸。

看到他的反应后,我问:"有没有可能,你不喝酒但不会失去所有朋友?"他思考的时候,我继续问:"有没有可能,即使你喝酒,也会失去所有朋友?"

谢尔盖以前从没真正考虑过更大范围的可能性,这些简单的问题让他的思想有了重大转变。但他情绪上在抵抗这种内心转变,一度让自己限于精神错乱中。

当谢尔盖思考这些矛盾的选择时,我观察他的表情变化:他开始努力去想自己真正要什么。从那天起,谢尔盖开始很严肃地对待自己的选择,并最终做出了关键和重要的变化:他摆脱了酒瘾,重新掌控了自己的生活。

在你内心隐秘处:冥想

在每个人的内心隐秘处,都有一扇通向自我觉察的大门,就像是一扇花园门。请具体想象这个图景,并乐在其中。

前往你存在的核心所在，来到你通向内心深处的大门口，拨开门闩，跨进你内心的秘密花园。发挥想象力，向四周观看。

- 你自我觉察的内在花园是什么样的？
- 待在那儿什么也不做，只是一呼一吸！
- 感受整个空间，留意周围环境，注意它们具有什么样的特质。
- 你内在的风景是什么样的？
- 这个内在空间感觉起来如何？
- 你喜欢这里的什么？
- 你的味觉、嗅觉、触觉有怎样的体验？
- 那里有什么声音还是一片寂静？

待在那儿，只是将一切吸进来，在那自我觉察所在的地方，放松下来。

维克多·弗兰克尔的故事

你听说过维克多·弗兰克尔吗？他是二战时期的伟大作家，著有《活出生命的意义》[1]一书。在他被关押在集中营的四年里，他决定要让自己的痛苦有意义，他向自己承诺，要将这些年在死亡集中营的经历变成能让他人受益的、有价值的"容器"，即使自己正在经历着最糟的生活，他也下定决心要将这个可能性强有力地表达出来。

让我详细地来说说这个故事。那是一个占地两英亩、四周用电网围起来的地方，场地中央是一些小屋。看守们拿着冲锋枪监视着犯人，随时会击毙任何靠近围栏的人。在这种环境下，人很容易会轻生。

而正是在这里，维克多·弗兰克尔问自己："我怎样才能找到意义，甚至是在这里也要找到意义？"他非常有力地将这个目的告诉其他狱友，最终建立起一个核心小圈子——由一群怀着同样意愿的人组成，他们向彼此许诺：用自己强烈的意愿，将在这个死亡集中营的经历转化成对自己和周

---

1 《活出生命的意义》的中文简体版已由华夏出版社出版。

围的人的生命有价值的东西。他们宣布要找到一种途径，让这个经历创造出对他们自己、对整个人类有意义的东西来。

维克多承诺要帮助自己周围的人履行这个任务，于是他和其他人每天都在做着这个工作。夜里他们会聚在一起，大家围成一个圈，与其中有自杀想法的狱友交流。他们会问每个人：活在这种恐惧和绝望中，什么会鼓舞你活下去？他们一次次问着这个问题。

在众人的帮助下，每个人最终都找到了自己关键的生活目的，找到目的之后，他们会帮助这个人将这个目的当作活下去的合约来接受，无论生活多么糟糕。

对于他们中的一位医生而言，这个目的就是他发现自己的医学知识终将会造福他人；对于另一个人来说，这个目的是一本诗歌集；第三个人抱有一线希望，说不定自己的女儿在某个地方活着，战争结束后会需要父亲；第四个人说自己要写一部小说。

讨论完各自的愿景，重新确定了生命的目的之后，他们会共同许下承诺。每一天他们都用这个承诺来给彼此打气，无论发生什么，多活一天是一天。他们共同宣布了一个目的，这个宣言成为他们生命中的那个空间，发展出自己履行承诺的能力。

在做出那个强有力的选择、决心找到这个经历的价值之后，这个"最糟的处境"变成弗兰克尔通向觉醒的大门。他那充满力量的著作《活出生命的意义》帮助了上百万的人。

构建目的的过程

觉知的扩展会带来转化性的意识。我们通过真实地宣布一个新目的，将价值观与视觉图景联系起来，有助于实现意识的转变。重复这些宣言、目的、改变或关键语句会有唤起回忆的效果。这些陈述和宣言（常常是些俏皮话）的短句会成为具有象声词效果的原则。

象声词意味着这个词的发音和这个相关联的声音听起来很像,而这个原则也会在我们的大脑中回响、扎根,引发出相关的"价值的感觉"!

例子:"扑通、扑通、噼啪、噼啪,哇,好爽啊!"

——美国黄金养胃泡腾片(Alka-Seltzer:迅速缓解消化不良)广告语

一个强有力故事的关键目的在于帮助听众提出具有转化力的问题!人们可能从来不会有意识地问:"这个故事会是我的故事吗?"不过,他们会开始考虑这个故事中表达出的"人生问题",就好像这些问题是他们自己的问题。他们以这种方式开始快速地扩展自己的内在觉察。

戴维·瑞格摩尔的生活

设想一下,在一个与世隔绝的两平方米的黑暗牢房里,在极少食物供给的情况下,独自生活12年。在这种情况下,一个人如何才能保持精神的鲜活?接下来戴维的故事,将为我们展示如何克服一切困难,保持承诺、目标和愿景的艺术。

15年前的一个冬天的夜晚,在西雅图,我很幸运地聆听到戴维·瑞格摩尔的让人惊叹的传奇故事。这个有着一双大眼睛和灿烂的笑容、高大又不修边幅的70岁男人,到底有怎样的传奇经历呢?下面的故事将会告诉你。

20世纪50年代,戴维是一个热血文艺青年,他爱上了中国古代陶瓷,并决定去中国学习。在中国,他被卷入了建设社会主义制度的革命浪潮。他的父母在西雅图恳求他:"回来吧,戴维!回家!"但他决意留下来。社会主义制度建立后,他成了一个艺术指导,他的工作是带着游客参观中国艺术品。他学会了汉语,娶了一个中国女人,有了两个孩子。他一边享受生活，一边继续研究他热爱的中国陶瓷。尽管世道浮浮沉沉，父母百般恳求，他带着孩子坚持在中国生活了12年。

然后可怕的"四人帮"时代到来了，所有主要城市里的知识分子和受过教育的人都被下放到农村，有的人被关进了监狱，戴维便是其中一个。他是在一个早上被关进牢房的，这一关就是12年。

想象一下戴维每天的生活：早上醒来一片漆黑，只有一点光从厚铁门底下的缝隙透进来，门上部有一个小的双开门，食物通过这个小门递进来。每天就只吃一次饭，通常是稀汤和面包。牢房里只有一个稻草垫和两个桶，一个桶里装的饮用水。在这种地方你如何保持希望、能量、智慧和对人生的承诺？又如何能够保持12年？

戴维每天都带着目标专注生活。他的目标是要坚持活着，保持良好的身体功能，如果可能的话——回家。每天他都在内心对自己承诺：去创造生命的特权。正如他所解释的："我需要保持我的活力，这包括我的身体能量、情感能量、精神能力和愿景。我需要保持我内心燃烧的火，保持我对创造力的关注，保持我去爱的能力！"

他是怎么做的？怎么在黑暗的环境中坚持了12年？他每天早上起床后，会把这一套目标和承诺当作生命的伟大礼物来对待。他说："和完全没有生命相比，我现在拥有的简单生活就已经是很好的生活机会了。"

每天早晨他都会锻炼身体，恢复身体能量。牢房的空间只能走三步退三步，但他会走上几个小时，他会想象成走在他年轻时候喜欢的一条路上，或是走在法国一条曲折的乡村公路上。

穿过树林，各种景色在眼前展开，他会想象这是一个明亮的阳光灿烂的日子，他感受着阳光照在皮肤上。他会看到起伏的绿色山丘，若隐若现的村庄、农田，散发着干草香味的谷仓，旁边鲜花盛开，孩子在玩耍。他想象着自己在法国乡村，闻到温暖的法国空气，感受微风吹着他的头发，感觉到他肌肉的力量。在他想到的每一刻，都心怀感恩。他在创造生命的特权，每一天都是神圣的一天。

他说，在牢房里散步给予他极大的乐趣，并提高了他的精神。"我会给自己找乐趣，"他说，"我会想象在草地上的一次午餐，嚼着法式硬皮面包和硬奶酪。或者想象自己在高高的杂草里，草丛里有瓢虫和嗡嗡的蝗虫，我手掌里拿着糖，然后一只蝗虫落在手掌里。想象看着它慢慢地用下颌咀嚼糖，它的上颚动着，然后突然一下子飞起来，嗡嗡地飞走了。"

下午，他会和自己下棋，棋子是用面包做成的。"我会坐下，与作为对弈双方的一方认真地玩，我会考虑怎么布局，怎么走第一步棋，我小心地挪动棋子，然后我换到另一方接着下。"他说，"有时我非常饿，都想把这些面包棋子吃掉。"随后，他唱歌，创作歌曲，写诗和祈祷词，学习并记住它们。

在下午晚些时候，一个重要时刻来临了，他和真正的人交谈的机会到了：警卫来给他送饭。他急切地等待着这个人，希望和计划着怎样与警卫交流说话。这个时刻来了，他打开了门顶部的小栅栏，看一眼给他送饭的年轻警卫的脸。

他描述了他如何漫不经心地说："今天你怎么样啊？"他一直期待着能有一次真正的交流、真正的联系。如果警卫停下来，一般半年能出现一次，他会和他聊聊天气、工作，及年轻中国警卫可能会想聊的任何一个话题，他期待着能有一个朋友。有一次，有人和他待了一会儿，真正讨论起沉重铁门外面的世界。在后面的日子，他在大脑里回想并享受着这次简短的交流。生命的一天，12年的每一天，每天早晨他都在创造生命的特权。生命、希望，又是新的一天。

我听了他的故事感到非常震撼，我很好奇这个故事的结局是什么？是什么把戴维带到了西雅图？

戴维简单地说道，在没有任何迹象的某一天，突然来了一个人，把他们带到监狱门口，打开大门，对迷惑不解的囚犯们说："你们自由了，离开这里吧。"

戴维就这样突然间走在了阳光明媚的北京城里，他没有钱和食物，只能在车水马龙的大街上流浪,三天后他找到了妻子和孩子。

他在美国的家人听说他还活着,立刻把钱电汇给他:"回家吧,戴维!回家吧!"这一次,他带着妻子和孩子回家了。

让我们再看一次我面前这个平和温暖的人,我能看到他仍在践行着生命的特权。有人问戴维接下来想做什么,"这个吗,"他笑着说,"我最喜欢带别人参观中国的艺术品。"

创造生命的特权!

英雄之旅

戴维·瑞格摩尔的故事描述了一次英雄之旅。英雄之旅这类故事是关于某个人实现了一个强烈的目的、成功应对了生命中的挑战。本书中很多故事都是关于英雄之旅的。

这类故事有些关键的特点:

· 它们明确描述英雄之旅的一步步过程,某个人在充分活出生命、充分地与他人建立起关系的过程中,超越了自己期许和局限性的具体情况。

· 随着英雄的性格、身心合一(intergrity)、自我认知和信任之心渐渐明朗,故事会描述那个人成长中的一些关键点。

· 他们常常是一位勇士、文化创造者(cultural creative)、捍卫者或领袖。

· 在面对内在或外在的困境时,他们展现出强有力的承诺;我们听故事中这个人面临的挑战,以及他在这个过程中逐渐获得的领悟。

通常,在这位英雄的自我探索中,随着一步步地具体展开,他被卷入到磨难之中,我们也跟随着故事的发展,随着一步步展开的情节探索着。

英雄遇到挑战:

首先,英雄突然被迫置身于一个挑战中,生活让他们直面挑战,他措手不及或这个挑战迫使他感觉到自己必须要开始学习、成长。宇宙给予他一个独特的任务，或让他去探索，我们的英雄接受了这个机会。世界上伟大的文学作品中不乏这样的例子：荷马的《奥德赛》，《圣经》中人物如亚伯拉罕和大卫，二十世纪通俗文学中可以找到很多这样的人物，如托尔金的《指环王》三部曲、C·S·刘易斯的《纳尼亚传奇》等等。所有这些故事中的英雄都身不由己地被卷入行动之火中。

英雄的承诺：

这次旅程刚一开始，进一步的挑战又出现了。他表达出立场，他说，"我会做到的"，并且宣布了自己的承诺。他们开始经历内在转变，发展出勇气、适应力、韧性及其他体现领导力和力量的品质。他们逐渐强化这一承诺，不可避免地要跨过一个内心的门槛，于是他们慢慢明确了解到并确信自己的能力。

英雄受到考验、寻求帮助：

接下来，令人不堪重负的挑战压在这个人身上，经受了这种痛苦的考验，他开始学会寻求帮助，寻找会帮助他的守护者和帮手，或偶然碰到这样能够帮助他的人。在请求帮助时，他发现别人回应自己的求助。我们的英雄学习到在逆境中内在信任自己、外在信任他人。

英雄找到指导者：

无论是因为内在的恐惧还是因为外在的恐惧，一开始这个挑战可能看起来很邪恶。这位英雄学习如何应对困境，最终将困境转化成对自己的探求有益的资源。

英雄发展资源：

在应对这些非同寻常的挑战的过程中，这位英雄获得资源，发展出特别的技能和工具，他们发现自己的优势，并慢慢可以娴熟地运用。拥有了这些后，他们运用这些资源去帮助别人。

回家：

故事以一个盛大的庆祝结束，英雄回到家，大家重聚在一起，一起庆祝。英雄战胜了过去所面临的内在挑战和外在挑战，在很多层面获得了成长，可以让其他人真正受益。

结局：

皆大欢喜，更重要的是，人人都可以参与到英雄分享的成长和发展中去。

第五章
转化死亡：超越痛苦的故事

上帝就是爱。

——拿撒勒的耶稣

形成你的"价值观思维"

开悟、领悟（enlightenment）这个词有多重含义。它的根本意思之一是人类生命中真正的根基所在——是我们在自己的生命中，能够充分连接上自己那个将会延续下去的部分，这种可能性就是领悟。

我们的哪些部分会一直延续下去？我们的价值观会延续，真正的价值观在我们的一生中会成长、发展，会在我们周围人的生命中体现出来。我们可以在价值观故事中展现出这一点，通过介绍故事主人公的经历生动地体现这一价值观。

当我们聆听一个隐喻故事时，我们看到故事的主人公如何应对逆境，我们能够从一个更宽广的视角——教练的视角——看到所有的因素。假以时日，这会让我们发展出一种总览觉察（overview awareness），从而促进我们自己长远价值观的发展。

这个"教练位置"的视角能够让我们像认同自己一样愉快地认同他人，而这既会带来喜悦，也会创造深层意义。不过，这可不同于私下的、个人的自我认同，这是当我们连接上对所有观察对象的深度欣赏之流时，所产生的真正的总览意识。

人们很难去想象任何是他们的，但又不特别是属于他们自己的个人故事。不过，随着练习的深入，他们将学会这一技能。这是一项关键的生活能力，会给我们内在成长的各个方面带来各种快乐的体验。我们安住在自己的价值观意识中，放松下来。

这项能力会转化我们的生命。有了价值观意识，我们可以彻底重新构建自己的关注点，这反过来会带来内在安宁。我们可以发展包含教练位置的自我意识，作为一种深层面的参与。当我们有多个选择，与内在价值有了连接，我们就会在当下参与生活，放松下来，不再担忧各种可能的未来。

换句话说，我们可以学习超越个人意识、扩展我们的生命意识，获得广阔的意识和内在确定性。我们会发现造福他人的巨大快乐，别人的感恩让我们体验到自己的价值。

任何时候，我们都可以打开精微意识的宝盒，于是我们立刻就可以享受生命的深度和广度，无论我们当前周围环境如何。这时，那些逆境中捆绑我们的枷锁就会脱落，对现状的担忧也会消失，身体上的不利条件不再重要，甚至死亡也是可以接受的。

我们的价值观思维，是我们意识的深层直觉场域，是每个人都有的。它体现在我们的永恒价值观中——充满活力、无所不在、无所不知。具体来说，爱就是爱，无论它出现在什么地方、何时出现。深层的意识照亮所有时刻，生命变得安宁。

价值观难道不是无限的吗？如果我们内心的丰盛就像宇宙价值的一个场域那样，无限延展，永远持续下去，我们怎会感到孤独呢？当我们个人的生命是这其中一部分，我们又怎会认为自己是与他人分开的呢？如果我们的价值生命像海上的波浪一般绵延不绝，意识的核心也永葆丰盛和完整，我们就不是与他人分开的。所谓孤单（alone）实际上指的是"全然相同（all one）"。

个人层面的自我无法获得神性体验，因为它认为自己"只不过是有限的"。不过，如果我们通过一个不受时间影响的故事，建立深层价值观连接，真正地体验到这些，我们就会学着为全人类创建与所有价值观发展的深层连接——不受时间影响延展到未来。我们的故事有助于创建这种自然连接。

问问你自己：如果你与最深最纯粹的价值观连接上，将其作为你的本我（very self），那会怎样？是不是有可能所有的抽离都会逐渐消失——你的生命活力会被激发，你将获得自由？

问问你自己：如果你与他人的快乐连接上，并对此心存感恩，那将会怎样？如果你"进来"享受那份快乐，那会怎么样？是不是你的生命有可能会变得丰盛、温暖、阳光灿烂，就像那晴朗的好天气？

成果导向的炼金术：同林和尚

我们的愿景和环境创造我们的世界。我们生活在我们自己创造的环境中。

你可能听过中世纪的炼金术士将贱金属炼成金子的故事。有个中国僧人的故事和此类似，这个和尚很出名，因为他能以吸入黑烟的形式，将每个人的错误、失败、困难和问题都吸进去，然后转化为有愈合能力的金光。他把这种方法叫通灵，并传授给了他的学生。

这个著名的同林和尚实践着这种修行，临终前，他把徒弟们叫到跟前，含着眼泪说他做了一个梦，梦到他死后会在天堂里重生。他很失望，因为在天堂里他不能真正地帮助别人。他希望弟子们能保佑他在地狱里重生，在那里他可以更好地做他想做的事情。

出色的隐喻创造者创造出点金术

同林和尚的故事是一个体现出人的世界观能达到什么程度的奇闻。如果我们意识到，幸福是我们自己创造出来的，与任何理想的环境都无关，这尤其重要。我们就会了解到自己可以在生活中放松下来，真正地在每一个当下创造出幸福来，无论自己身处何地、周围发生了什么。

炼金术指的是将基本金属（比如铁）变成精炼纯金属（如金和银）。将成果导向的教练方法当作我们自己炼金术的框架使用，就能够转化，从而超越由环境所产生的各种失望。成果导向的炼金术意味着我们进入任何地方都可以，因为我们能够积极地将当前所处的地方变成一个美好的存在状态！无论是什么样的世界，不管是天堂还是地狱，都成为存在的好地方！

生命中任何处境都可以被体验成天堂或者地狱。观察你周围的人，有些人愉快地生活，因此他们轻松地度过一生——即使身体上有疼痛也只不过是小事一桩。而有些人很明显生活在自己强加的炼狱之中，穿着如铅般沉重的靴子，步履维艰地行走在生命的流沙上。

事实上，根本没有顺境和逆境！每种局面都取决于个人的内在状态。在任何时候、任何地方，我们每个人都可以使用成果导向的炼金术将我们的生活变成金子，我们都有力量成为能量转化者。

正如那位僧人修的同林法，我们教练都是这样呼出疗愈性金光的人，我们有效地进行回应，运用成果导向的言语，基于本能选择去积极治愈那些与我们连接的人。每次教练对话，我们都用光去照亮对方，以这种方式，语言和经历失去了伤害我们的力量，我们就不会置身于任何形式的地狱之中。我们是炼金师。

由于我们的积极点化，我们进入的任何空间都会成为金子一般。作为隐喻的创造者和教练，成果导向的方法意味着我们可以致力于成长为"光的制造者"（light producers），光的制造者可不是玩世不恭、无足轻重的乐天派（light weight optimist），而是积极地采取行动创造结果的现实主义者。光的制造者是积极的参与者，充分地参与到周围人的生命中去。

如果我们能够发展出一个故事，展示出某个人创造了自己喜欢的环境，就展示出了一个自由的人。我们展示出一个很容易原谅他人的人，不受任何失望情绪的羁绊，无论生活在什么情境之下，他们都不会被生活所伤害。

这种人的生命对我们有着深远意义的影响，会深深地打动我们。作为讲故事的人，我们会和听故事的人一样感动。成为一个光的制造者，将生命变成真金！

发展转化性的愿景——讲故事

人们常常试图创造同形的（isomorphic）隐喻：将故事中的一个事件与听众

生活中一件类似的事情等同起来。实践证明，讲故事的人比较难做到这一点，这也不是一个特别成功的策略，因为我们的生活中充满着独一无二的事件和人。

我年轻的时候，有一位埃里克森学院的专家给我施加压力，让我创造出同形隐喻。我发现那些同形的技术难得有些过头了，我天生并不具备出色的讲故事的能力。事实上，我对多层次的叙述所知甚少，要添加多余的细节将故事中和生活中的事件硬拉到一起，这让我头大。在参加一次工作坊学习如何创作有效的同形隐喻之后，在接下来的两年时间里我都没有讲过任何故事。我恢复勇气是在一段时间之后。

我发现，从一个简单的价值观入手，在所讲的故事中发展出一个相关的、有意义的转变，这样的方法有用多了。我领悟到，任何关于价值观和愿景的故事都会有强大的效果，令人难忘。它可以很容易将我、他人与一个深层目的和承诺的转化层面连接起来，以此为中心点的故事就像火箭的燃料，将生命火箭发射到平流层。

转化并不是由故事本身或故事的结局所带来的，故事和其中事件的作用，在于激发我们站到一个总览的位置（overview position），让我们可以审视生命中的重大问题。之后这个图景在情感层面转化成一个符合所有人生故事中价值观和目的的体验。我们都是内在成长这条路上的朝圣者。

如果一个故事中详细描述了主人公如何确定了自己的价值观和愿景，这与听众的情况非常相关，那么，这个听众身上就会自然发生转变。这一愿景和价值观的联系，可以帮助人们进行非常有效的身份转变，想象自己能更加坚定自己的目的和承诺，这种能力会推动我们成长。

渡河

我的一生中，有好多次沿着太平洋不同的小道远足，而第一次旅程，对我的人生影响最大。

当时我还年轻，需要一些独处的时间。于是我把孩子交给家人，安排了一次7天的远足，沿着温哥华岛西海岸的一条非常崎岖的小道走。我准备充分，背了一个很轻的背包，带着指南针，还参照建议，带了最新的潮汐时刻表。

顺着小道走了三天，我发现攀爬许多陡峭的山坡、阶梯是件苦差事，有些地方还积了齐膝深的泥浆。尽管这条小道是沿着太平洋的，但只有在河口和露营地才真正接近大海。到了第三天，浑身酸疼而疲惫的我，坐在地上注视着海岸吃早餐。浪潮还在很遥远的地方，许多海鸥在岩石的周围觅食。

看了看地图，我注意到下一个露营地有10里地远。浑身的酸疼感觉，让我渴望今天不用走那么久。我注意到，海边平坦而笔直的路线会让我更快到达露营地。我想：“我沿着海岸，最多走4个小时应该就到了。”我满怀希望查阅了潮汐时刻表，表上说潮汐6个小时后才会到来。"就这样走！"我对自己说，"出发！我要沿着海岸走到下一个露营地。"

我沿着一面高耸的凹面悬崖行走，岩壁下是平坦的石头，这里很像多佛的白色峭壁，蔚为大观。

我走了两个半小时，享受着远足，将新鲜的空气吸进肺里。我主要在平坦的石头海岸上走，探寻着许多积满水的坑，这些小小的、美丽的蓄潮池里，生长着缤纷的海葵和其他奇妙的生命，我不断地停下来欣赏。在岩石地面上还有较大的石缝和断层，这些地方就需要攀爬下去，再从石缝的另一边爬上来。我注意到，没有一个地方能够让人爬上山，也无法离开海岸。巨大的峭壁挡住了所有通往高处道路的途径。

走了大约3个半小时后，我突然意识到，大量的海水正在灌满石缝。我惊呆了，赶紧查看潮汐时刻表，因为我不理解为什么海水开始涌来。更仔细地查阅潮汐时刻表，我意识到自己犯了个巨大错误，早上我在潮汐时刻表上读到的数字实际上是最高潮的时间，再过3小时，我所站立的地方就会淹没在3米的海水之下。麻烦来了，要走回去已经太迟了，我必须全速前进。

我开始沿着海岸奔跑，那一小时是我生命中最漫长的一小时。每次跳过石缝，石缝里都灌满了冲击而来的海水。有些石缝很宽，简直无法通过。

在一次非常吓人的跳跃之后，我意识到自己无法回头了，而且可能遇到了一个无法通过的宽石缝，非常滑，极其危险。我尽可能快地向前走，但是水来得太快，又没有地方可以爬上去。

我开始想象自己葬礼的画面，我的孩子们成了孤儿。我开始诚心祈祷："如果我活下来，我的生命会服务于他人，"我对世界承诺道，"请让我活下来可以吗？"

这一个小时好漫长。海水涨得很快，漫过了平坦的地面，每个浪头都打得离岩壁更近。

远远的前方，我能看到峭壁蜿蜒到海中。"可能那儿就是河口了吧？"我想，"就是那儿，我若是尽快走，就能在海水卷走我之前到达。"我走到了，真是付出了巨大的努力。

到达的时候我已经站不稳了，但我还是在半小时内爬上了短短的半岛尽头的小岩石。弧形的岩石带不高，大约有1.5米。我急切地向另一边眺望着。

确实是河口，但情况出乎我的意料！别人告诉我这条河是可以横渡过去的，但我看到的是，宽阔的河口，汹涌的潮水。这样猛烈的洪流，是不可能渡过的。惊慌失措中，我还看到悬崖沿着河口向上延伸了至少有200码，末端是个深谷。打着漩涡的河水逆流而上，爬上悬崖，横渡过河看起来完全不可行。我看到在河对岸很远的地方，半英里之外有一些帐篷。

我费尽力气沿着河口向上走了近20米，直到再也没法向前，不可能再往上攀爬了。不过，在悬崖的高处长着一棵树，离我3米高的地方有几根多瘤的树枝。我无路可走了，而水正在上涨。

突然，我看到一个拿着餐具的男人出现了，他从遥远的帐篷那里向对岸的河边走过来，好像看见我了。他把餐具放下，走回了帐篷。我不知道他是帮我，还是对我视而不见，甚至他发没发现我的困境，我都不知道。我继续祈祷，希望尽管困难重重，他还是会帮我。漫长的几分钟过去了，我感觉就像过了一个多小时。

他和另一个男人从帐篷里走出来，两人都带着绳子。他们现在朝我这边赶来，虽然水还在继续上涨，但我知道有救了。

这个故事的下一段，是我一生中目睹的最惊人的情景之一。那个拿着绳子的男人几乎不看我，只是瞄着离我头顶3米、离他很远的河对岸的树枝。就像旧时的牛仔电影中演的那样，他仔细地打好一个绳套，在自己头上方转动绳套，用尽力气扔了过来。完美的一扔，越过长长的距离，绳套刚好套住折下来的树枝。现在，有条绳子让我可以横渡打着漩涡的河了。

那人用另一条绳子做了第二个绳套，试了几次之后，绳子扔给了我，我抓住了。他呼喊着，告诉我怎么把绳子系在腰间。这下有了两条绳子，一条抓着引路，另一条系在我身上。这两条绳子让我有胆量走进了起伏的河水里，我一下子就站不住了，但是我抓着绳子，重新走起来。慢慢地，一步一步，走过轰响的岩石，刺骨的河水打着旋，直到没过我的脖子，我不时失足，但是有绳子的帮助，有那两个人的鼓励，我得以渡过河。

两个人没费劲把我从水里捞上来，也没介绍自己。他们一看到我安全了，就开始训我。一个人跑回去，借了我一条薄毯子，我马上就睡着了。他们在我醒来之前，就打包走了。

那段经历之后，渡过人生的河流似乎就变成了我的天命的核心。生命中，我们都有要横渡的河——那些需要我们拿出勇气和愿景来的情境。一旦渡过这条河，我们的生命就会开放，走上意义更深远的旅程。如果我们没有渡过，就会像被当前情境中的绝望和无助所淹没一样。

困难很轻易就能让我们失足滑坡。但是，我们一定要相信，只要请求，就会得到支持，牢牢守住自己的生命意图，就能够找到生命中更上一层楼的路。

我们握着的指引方向的绳子，就是我们的价值观。我们必须牢牢系住价值观的绳子，知道他们是牢牢锚定了的，让他们指引我们走向遥远的岸边。有了价值观将愿景和我们彼此连接起来，我们就敢于迈出步伐。当我们敢于迈出去，进入内在领导力和真正的信任，我们就能够渡过人生的河流，进入梦想的未来。

我们都有要横渡的河，如果我们能真正渡过去，我们的生命就会打开，我们的价值观和意图就会传达给身边每个人！

设计一个转化性的现实情况

我们与所有隐喻缔结的合约就是：创造一个关于实现更大潜能的人生旅程作为例子，这不仅仅是对于故事中的主人公而言实现更大潜能，在更深的层面，也是为了使所有听故事的人实现更大潜能。听着这个故事，我们开始发展必要的内在联系来创造一个现实情况，为我们现在正在探索的路，同时在宏观上也为所有的生命连接上真正的、有价值的方面，我们发现自己内心的真相。

我们用讲故事的方式来提醒人们，激发他们踏上自己的真实之旅，帮助他们打开内在觉察，看到他们自己所走的这条路——转化性自我探索和发展之路的全貌。

乌利亚·米勒德的故事

我要讲一下乌利亚·米勒德的故事。他的姓和我一样，姓米勒德。我的家族成员们都生活在新不伦瑞克省，如果没算错的话，他作为我们家族中的骄傲一员快八年了。他的故事让人惊叹，有着穿越时空的强大魅力，在我的生命中留下了不可磨灭的印象。

乌利亚来自里约热内卢，是个黑皮肤的小男孩。我第一次看到他是在祖父的家庭相册里，他表情刚毅，神采飞扬。我问祖父笑容灿烂眼睛明亮的男孩是谁时，他情绪激动，声音哽咽，"这是乌利亚。"他喃喃地轻声说道。

想象一下这个场景。在一个春光明媚的上午，我坐在外公的门廊里。当我抬起头时，看到祖父满眼泪水。我看着一张有八个穿着曲棍球制服的男生合影问：这是谁？这里面有乌利亚，他骄傲地站在前面，眼睛发光，笑容灿烂。我的老祖父眼睛望着远方，开始讲述一个精彩的故事：

他说，我的父亲会建三桅帆船，在新不伦瑞克省，他建造了世界上最大和最好的三桅帆船。我们用这些大船把加拿大的鱼和其他产品运送到南美，来交换南美的各种货物。

我11岁时，在其中一条船上，开始了人生旅程。我是家里最小的孩子，但我父亲觉得我足以当船长的帮手。经过四周的航行，船抵达里约热内卢，船长说要在这儿待一个月，这期间我可以自由玩耍。我遇见的第一个朋友就是乌利亚，他是为水手和船民打杂的码头清洁工，他也会讲英语。

讲述到这里，祖父的声音变得活跃起来，他谈到和乌利亚在码头和街道上游览时，眼睛亮起来，他挥舞双手，描述着港口的模样、声音和气味。

他说，乌利亚和他同岁，他的妈妈由于疾病回到了山上的村子里。乌利亚想去上学读书，成为一名医生，治好妈妈的病。为此，他一直跟着码头上的水手们学习英语并刻苦练习。

"他非常聪明，"祖父若有所思地说，"他总能找到维持生计的活儿干，并且他非常有趣。他游泳非常棒，可以说是个伟大的游泳健将。他教我游泳，我教他读书，我们一起玩了很多游戏。"

我看着祖父，他回忆着他小时候的生活，我觉得此刻的他不再是个老人，而又变回童年那个小男孩了。

他继续讲着：船出了毛病需要修理，在里约热内卢待了两个月，之后的一个早晨，船长终于宣布船可以起航了。乌利亚走上前，问他能不能加入船员队伍，当帮手。船长笑了起来，说我们不能把街头的孩子带去加拿大。

那天下午我们出发了。当松开船锚时，乌利亚站在岸边，向我挥手道别，然后他就消失了。

第二天早上，管家在甲板上的一个桶下发现了乌利亚。祖父讲到这时，眨了眨眼睛。

每个人都很不高兴，除了我。船仍然在河口，所以他们决定把他送回岸上，这看来也是可行的。他们派了一条小船，把乌利亚放到岸上后再返回。我们的船继续向前航行，这次驶进了遥远的大海。结果第二天，又在另一只桶下发现了乌利亚！

这一次没人说送他回去了，甚至没人问他是怎么回到船上的。我们继续向着加拿大航行，乌利亚在厨房削了四个星期的土豆皮和洋葱皮。

到岸后，毫无疑问我的家人收留了他。讲到这儿，祖父的声音变得坚定和自豪。乌利亚给大家讲了他的故事，讲他是如何想读书，并希望成为一名医生的。我的父亲说：为什么不能呢？和我们住在一起，我供你去上学，看看你能不能做到！

祖父继续讲述：乌利亚用六个月的时间学会了四年的课程。两年后，他和我们一起上了初中。他是个超级运动员，很快就成了学校曲棍球队的队长。他跑步速度非常快，身体也非常强壮，赢了很多次比赛，祖父边说边指着照片上那个黑眼睛里闪烁着光芒的男孩。我们都非常喜欢他，他带给大家很多乐趣，整个家族都为他感到骄傲。

他高考时得了最高分，高中毕业后被录取为医学预科生，我的父亲为他建造了最后一个大帆船。这艘船有一排排的风帆，非常美丽，也非常非常大。它满载着货物，骄傲地立在港口，等待接受洗礼，准备启程前往南美洲。乌利亚决定借此机会去里约热内卢再寻找一次他的妈妈。

然后，我注意到祖父哭了，他停顿了一下，擦了擦眼泪。这是一次伟大的航行，乐队演奏了一首有关大海的赞美诗后，轮船隆重地驶出海港，峭壁和高塔上的人们都挥手致意。

轮船没有到达目的地。一个月后，它被发现在百慕大三角那个地方翻船了，船体被海水冲刷着，但还没有完全沉没！最开始只有一个人幸存下来，并通过吃飞鱼活了整整10天。他们发现他的尸体用绳子绑在船体上，这个人便是乌利亚。每一天，他都在船体上刻一个短句来计算天数，并等待着有人来救援。

我祖父停顿了一下，他的声音充满了悲痛和自豪。第十天，他刻下了他生命的最后一行字——自己的墓志铭。这是一个简短的宣言：乌利亚·米勒德，1892—1910：生命是一次伟大的冒险！

对我来说，刚开始只是把乌利亚的故事当作祖父讲述的一个故事而已。我每次看到照片上那个黑皮肤男孩，看到他那骄傲的神情和温暖的眼神，都会在脑海里回放这个故事。渐渐地，我把这个故事放进了心里，我问自己："如果我能有这种勇气，我的生命会是怎样的？如果我可以自豪地说：人生是一次伟大的冒险，那会是什么样呢？"所以我在心里轻声地对乌利亚说："我要把你带进我的生命里，我要带着你向前。我会去实践你的宣言。我会学习你的勇气。我会发现我们共同的真正的未来。是的，乌利亚，我会为你做一次伟大的冒险。为自己，也为所有人：让生命是一次伟大的冒险！

皮划艇的图景和生命的心跳

我在给夫妇开办的工作坊上，常用这样一种方式：想象自己将要讲一个以一定节奏划皮划艇度过的一天旅行的故事，要一边详细介绍，一边描述呼吸的各种过程。

你有节奏地叙述着，描述那缓慢而均匀的划桨声。如果这时候能有一个监测器检测听众的生理状况，不要过太久的时间，监测器上就会显示出大多数人在内心聆听有节奏的划桨时，很快就进入了一种放松而有节奏的呼吸状态中。他们会将这个啪啪的桨声当作内在的一种节奏来倾听，想象着一场平静祥和的皮划艇之旅，呼吸会变得更深更有节奏，与那桨的平静划动保持一致，这样他们的脑海中就能看到那个画面、听到那个声音。

假如你想象出一对夫妇愉快地一起划船的情景，你可能会开始用很多不同的方法谈到双方呼吸的一致。同时，你将这个双方合作有节奏地划皮划艇的情景拓展开来，用这种方法，你可以将所有的夫妻关系与这种简单的节奏、和睦有节奏感的意识，在脑海中联系起来。

或许你想象的这个画面会带动起和睦关系的其他领域，你变换意识的场域，可能会连接上其他与故事相关的人。通过你的故事，你帮助人们漂起来，来到他们内在意识的价值观层面，重新连接上、建立起——符合他们自己定义和体验的合作关系中的放松状态和节奏。而这些思维与之前头脑中的记忆——双方对彼此心存芥蒂和消极情绪的记忆不相容，甚至是相互矛盾的。于是，过去的那些想法就会被平静的、放松的画面取而代之。你也可以帮助他人将这个画面与平静的身体回应、强烈的放松程度联系起来，这些图景和节奏会让他们无法再回到那种紧张的状态中去了——与冥想的做法很相似。

通过这样一个多层次的故事，你可以将正向关系中那强烈而熟悉的状态——既是身体的状态，也是对合作本身的看法——带回来。你和你的听众都体验到一种解脱，重新连接上关系中那富有节奏的意识。

总结起来就是，可以用一个故事将关键的图景集中到一起，将重要的价值观、态度和心态放到一起，一一展现出来，这会带来身体上、情绪上的变化，从而推动转化性的成长。这将逐渐增强我们发展各种精微意识的能力，而不仅仅是与另一个人之间的放松节奏。通过练习，我们可以发展出必要的神经系统连接来保持这种能力。

床底下的孟加拉虎

埃里克森患有小儿麻痹症，四十多年来一直忍受肌肉痉挛的痛苦。他了解这种痛苦，也知道如何应用视觉化思维来应对痛苦。一位处于癌症后期、忍受巨大痛苦的女士曾向埃里克森求助，说她不想吃止痛药，因为她觉得那会抑制她的创造力。

埃里克森回答："夫人，这很简单，你自己就可以做到，只需要练习一会儿就行。假装你这会儿听到门口有轻微的动静，你的门是半开着的。你抬起头来，看到一只巨大的孟加拉虎走进你的屋子。它正盯着你，肌肉紧绷，准备扑过来。现在，告诉我，当你想着这只老虎的时候，你感觉到疼了吗？"

"没有,可为什么呢?"这位女士惊讶地问。在接下来的一个月里,直到她去世,她利用视觉化思维和类似的有效方法来抑制疼痛。他人问她疼不疼时,她只是简单地回答说:"我应付得不错。我只是把一只巨大的孟加拉虎藏在了床底下。"

冲刷掉主观的权利(entitlement):一种冥想方法

请进真相的圣河中待一会儿,感受你周围那打着漩涡的真正生命之流。你一边感受着,并给出自己的生命力来增强河流的力量;一边留意这些水流中特别的加持力。对此加以留意,水开始冲刷着你,你慢慢熔化掉为保护自己而形成的包裹周身的外壳。

注视着这些主观权利的习惯慢慢地离你而去,流向下游。让你所有的主观权利——你对财富、舒适、保护、安全、美貌、对东西的所有权甚至对身体的所有权等等所有这些主观的权利,漂浮起来,从河中流走。

注视着你任性的希望漂走了、消失了。看着这条河将它们都带走了——带走那些期待、盲目、执着,所有这些都被冲刷掉——在这带着你超越旧有界限和要求的强大意识之流中,远去了。

或许你之前认为自己有权利获得干净的道路、良好的服务或尊重;或许你之前期待着自己身体很好或期待获得别人的奉承。这些隐藏的期待在何处牢牢抓住了评判性思维、创造出消极情绪?将它们全部冲刷掉。

你看到自己赤裸裸地站在意识的真相中,深深感激着这个以自己本来面目活着的机会——这个真实面对如此柔软的、真正的新活力的机会。用视觉、听觉、感觉如实体验这个当下——这是一个非常宝贵的礼物。这一刻与以往任何时候都不同。这个当下需要我们那柔和的觉醒意识才变得生动起来。

我们赤裸裸地来到世间,赤裸裸地在这场旅程中携手共进,也只有赤裸裸地,才能跨进这真正的生命圣河之中。

第六章
连接内在真相

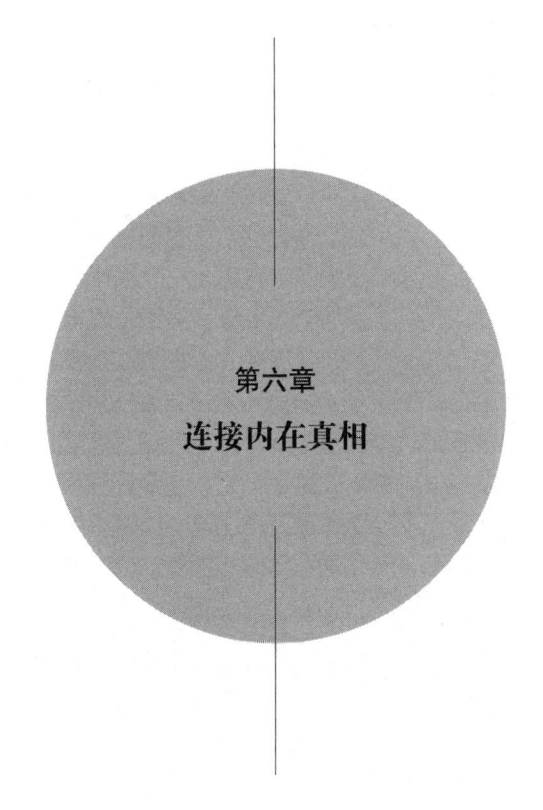

目的和手段从来都是相同的。

成为你希望看到的改变！

——圣雄甘地

创建一个新思维

正如我们需要系统地建造一间房子才能够居住和使用它一样,我们也需要系统地创建一个新思维,以便我们能栖息其间,并使用它。

意识的隐喻让我们能够快速培养起高级意识。我们总是可以创建一个新思维——一个具备很棒隐喻性质的思维!我们可以为某一天、某一年创造出一种思维,也可以为我们一生、多生多世创造出一种思维。我们所要做的事情,就是思考自己希望创造什么样的思维,聚焦于自己希望创造这个思维所做的决定上。"聚焦于什么"这种行为的本身,就能吸引来你所聚焦的东西。

今天你希望自己置身于怎样的思维中

故事就像容器——你和其他人将会充分地沉浸在你所讲的故事中。你也生活在你为他人创造的那种思维之中,你必须要确定,应如何通过自己的故事创建自己将要置身其中的思维。在开始创建思维时,请思考你最宽广的意识是怎样的。

- 你正在创建的思维是大海中的一道波浪。
- 你身处自己的波浪中,但同时也能看到更宽广的海面。
- 留意你正在体验着与整个意识之海的合一。
- 享受这道波浪,同时也享受更宽广的意识之海。
- 留意你和它们是同一个、同一体的。

你希望自己的隐喻帮助人们置身于多大的思维之中?

你希望他们体验和享有什么样的价值观?

你可以聚焦于什么样的可能性?

哪些领域你特别感兴趣？

- 这是一个慈悲的思维吗？
- 这是一个快乐的思维吗？
- 这个思维具备平衡的完整性（integrity）吗？
- 这个思维能够平静地观察、拥有平静的意识吗？
- 这个思维在快乐地运转吗？
- 这个思维有真正的价值吗？

这里有一种方法，你可以试着玩一玩：

通过你的故事，连接上你的内在真相和价值，之后大大地扩展你的思维，扩展到宇宙那么大——比成千上万个星系还要大。然后放松下来，通过你的故事，分享你的这个广阔无垠、充分体现价值观的意识所蕴含的意义和力量！当你的思维扩展开来，你的声音也会扩展开来，每个人都可以感觉得到。

承诺的巨大作用

明确一个内在承诺是非常关键的，转化性的对话在其中具有巨大的作用。基于一些旧有的结论，人们沿袭旧有的模式、恐惧和内在谎言，有时候就会不了解自己的内在情况。于是，宇宙的力量发挥作用，在正面戳了一个洞——通常是在人们生病中或处于危机的时候。宇宙（universe）这个词的意思是"一首歌"，当我们失去了内在音乐，那一首歌就会来改变我们的思维（re-mind）——提醒我们！

我们可以用一个转化性的故事，将人们带回到他们的内在音乐中。我们成为他们改变的催化剂，帮助别人瞥见，继而探索他们最强烈的价值观和愿景，于是我们再一次成为人生发展道路上指引方向的灯塔。

当你承诺时，这会在量子的层面影响现实。未承诺之前，未知可能会以各种不同的方式发生。而一旦有了承诺，你就进入了创造现实的神奇之中。

量子的意思是"一个不可分割的能量实体"。在所有可能的选项中，宇宙具有随机性。不过，当我们真正承诺要获得一个重大的结果时，就强有力地改变了数值，这时我们就换了思维！

　　观察者做出的量子选择带来截然不同的结果，教练位置对于这些选择而言至关重要！我们需要总览这些选择。这一切看起来似乎只是一个发现，不过我们所要寻找的机会正是我们所发现的。你可以从幸存下来的癌症患者身上看到这一点，当这个人被赋予了一个必须活下来的理由，他们的肿瘤突然变小然后消失了。

　　有意思的是，处于病状减退期（remission）的患者，总会说到在病情缓解之前，他们在某个时间点有过一次进行真正承诺的重大时刻，二度使命（re-mission）正是这个意思！我们承诺要承担一个有价值的使命，于是病情缓解，进入二度使命当中，之后我们需要记住将这个使命带到我们身体的体验中。

大峡谷的岩壁

　　在我教学的一个研讨会上，一个女人告诉我说，她的医生刚在她的肝脏中发现了一个巨大的肿瘤，并且检查结果表明不能通过手术切除掉。在我的帮助下她进行了一次视觉之旅。在她的内心旅程里，她描述了横亘在她自己和她的生活、她的未来甚至她的价值观之间的一堵高墙，她在这个旅程过程中停止了，并完全下沉。她叹了口气。

　　"如果你翻过这堵墙呢？"我问，"或者绕过它？"

　　"它一直延伸就像中国的长城，"她说，"它就像大峡谷的岩壁那么高。"

　　"你现在在爬这堵墙吗？"我问，让她积极参与到这个过程中。

　　她点点头。"它非常高，简直太高了。"

　　"有什么可能、什么选择会让翻越这道墙更容易吗？"我问。

　　"那我把我的生命用在有用的事情上，"她喃喃自语，停了一会儿她轻声说道，"但我不知道是什么。"

"你可能会对自己承诺什么吗？"我问。"这值得吗？如果这时候你找到了人生的真正目的会是什么样呢？"

她点点头，咬了咬嘴唇，然后突然开始身体放松。"我当然可以承诺，"她说，"即使我不知道承诺什么！"额头上的皱纹松开了，她拉直身体伸展着。"我到达墙的顶部，"她说，"变容易了。"过了一会儿，她又说："墙的那边很多光。现在，我翻过墙了。我真的有了一个愿景。"有五分钟她站在内心意识里光芒四射。

后来她说这次体验是一次突破。她对所有人说她还是不知道这意味着什么，但她需要它，并得到了它。现在，她等待着下一个发现。

事实上，当她再去进行X射线检查和测试时，她的肿瘤不见了！但她的未来还在，她报名参加了大专班课程，开始迈向崭新的职业生涯。

承诺带来结果

让一个人前进的一种方法，是让他们带着临在（presence）和坚定的决心——说出他们对生命的承诺。作为教练，在我们要求客户去寻找"什么对他们而言是真实的、真正的东西"时，给予他们肯定。我们需要鼓励他们、挑战他们，让他们迎头直面那一现实。

人需要问自己：

- 明确我的目的和真正的发展目标需要揭示哪些真相？
- 我生命的真正意义是什么？我怎样才能步入通向我的目的的轨道上？

对于一些人而言，了解到承诺的巨大作用，会成为他们生命的重要转折点。认真地承诺，会增强你改变现实的能力。发现这一作用，会让你在做选择时，开始将其当作宇宙中真正重要的事情。

在我们的故事中，我们可以问这个问题："你可以对自己做什么承诺？"

当我们描述一个人是如何慢慢发现自己的内在目标、对自己做出承诺时，提出这个问题很合适，可以有力地影响我们的隐喻。生命之流会流向我们对一个愿景所做的真正承诺。

海伦·凯勒：如何造就"人类"

很多人都读过海伦·凯勒的故事，为这个失去了听觉和视觉却很快乐的女人的智慧、好奇心和幽默感到惊讶。我第一次读到她精彩绝伦的传记是在一个春天，在一棵绽放着鲜艳的粉色花朵的樱桃树下，我坐在草坪上的椅子里，听着悦耳的鸟鸣声。我试着想象了一下，没有听觉和视觉的生活会是什么样子，但我发现这很难想象。

海伦没有用"像是生活在'没有生活'或'全然孤独'的灰色地带中"这样的词汇来形容自己早年的生活。她只是说："我不知道做一个人有什么意义。"

她7岁的时候，一位盲人老师来到了她父母的农场，耐心地与她共度了那个夏天。海伦说，当她明白语言是什么的那一刻，她实现了伟大的突破。当老师在她掌心里写了40遍"水"这个词时，她突然意识到词汇是什么！她抓住老师，把她拉回到屋子里，让老师把她能摸到的所有东西的词汇都教给自己，她想通过词汇让世界鲜活起来。

从那个时刻开始，她爱上了文字。她珍爱文字及文字带给她的内在视觉，文字让她"看"到了这个世界。她成了一个著名的老师，并孜孜不倦地提升人类追求幸福的能力，她成为一个著名的作家，她的作品令人惊叹，充满智慧，并且精彩绝伦。

海伦讨厌别人的怜悯。有一次她对劝告她的一个人说："没有眼睛和耳朵还能活，比没有愿景好多了。"而对另一个人，她说："生命是一场盛宴，但很多人却像乞丐。"

海伦的言论给了我很多启迪，比如："你的成果和幸福就在你自己手里。坚定地保持快乐，你的乐观心态能让你战胜一切困难。""生活要么是一次勇敢的冒险，要么就什么都不是。"

国王迈达斯和真正的价值

我们都知道迈达斯国王的故事。有一个版本是这么讲述的：森林之神为了回报国王的帮助，许诺可以实现他两个愿望，迈达斯高兴地回应道："我希望有一条横贯整个国家的道路。"。森林之神鞠了一躬，一条美丽的石板路立刻出现了，按照国王一直想要的方式将各个城镇连接起来。

国王感到非常满意、得意和充满力量，但也开始担忧，因为下一个愿望是他最后一个愿望了。"嗯，只剩一个愿望了，"他想，"还有很多项目需要建造。我能做些什么来保护这个机会呢？"

灵光一闪，他说出了他的愿望，"从现在开始，让我摸到的每个东西都变成金子。"他请求道。森林之神鞠了一躬。国王拿着的杯子已经变成了金子。

这个新能力让国王很高兴。他在宫殿里走来走去，触摸到宝座和桌子、窗帘和船只，这些东西在他眼前马上都变成了黄金。突然，他的小女儿、他的生命之光出现了，女儿张开双臂朝他兴高采烈地跑过来。他习惯性地、亲切地张开了双臂把她抱在胸前，他惊恐地发现，女儿立即变成了金子。"我究竟做了什么？"国王哭道，"我出色的孩子，现在永远没有了！"

他要求众神解除他的礼物。狄俄尼索斯听到后动心了，告诉他，如果在帕克托洛斯河沐浴，并把所拥有的一切赠予那些一无所有的人，也许他的善行会让神给予他第三个愿望。

米达斯这样做了。他立即卖掉他所有的黄金，为普通老百姓购买粮食和药品。他掏空了他的私人储藏室，为这片土地上的人们购买更多的必需品。他毫不犹豫地出售了他的宫殿和全部家当，直到他几乎失去曾经拥有的一切。

此时，森林之神再次出现。"通过你的努力，你已经拥有了第三个愿望的能力，甚至你可以有第四个愿望。"迈达斯大松了一口气，国王用第三个愿望释放了他心爱的女儿。"我全心全意感谢你，"他对森林之神说，"至于我的第四个愿望，我已经接收到了。我很感激我了解到了什么是真正的价值，这是比黄金能买到的任何东西都珍贵的。"

什么是比所有黄金更珍贵的东西？什么对你而言是真正有价值的？

个人成长的转变

我们的意识在进化过程中形成的模式是，其日常的主要目标是要满足需求。我们远祖的主要目标是要存活下去，他们从自己的意识焦点中发展出一个"潜望镜"——不断地扫描他们所在的环境，寻找食物、藏身之地和生存工具。

后来，当即时的生存确立下来，他们的思维聚焦在哪里？他们需要安全——储藏食物，从而能够更轻松地休息。从那时起，人类从未发展出这个储藏模式的停止按钮，以至于发展成看起来我们似乎"需要很多东西"。

留意你的内在对话，你的意识认为它需要什么？它想必已经拥有、正在享受的更多一点，认为它需要：

- 更多的个人快乐
- 更多的食物和"东西"
- 获得更多的同情心、爱和关注
- 更多的享乐

而具有讽刺意味的是，只有你的深层直觉认知系统——你的超意识，才能够体验真正的快乐、真正的学习和发展，这些是通过放松、放下、聆听和爱实现的。

如果我们强烈地认同自己的意识，就无法真正体验到超越个人身份的内在意识。

佛陀曾说过："一切苦源自拒绝。"什么是拒绝？拒绝是一个防卫机制，这里说的可不是埃及的尼罗河（De Nile）。

似乎这些不同层面的意识是相互矛盾的。不过，当我们逐步认识到自己首要的内在目的时，这种内在冲突会最终消失，于是我们可以快乐地参与到自己更深层面的生命中。这是我们共同发展的约定，是一个发生转化、发展愿景的地方。当你展现出这种意识，在你的故事中将其体现出来，就会让所有听到这个故事的人铭记在心。

圣雄甘地和找到宽恕

1942年英国人离开印度后，印度教教徒和穆斯林之间的冲突和暴力升级，甘地是唯一一个试图制定和平计划又被所有印度人信任的人。他是印度教教徒和穆斯林之间所有政治和宗教提议的中心，是一切重建稳定的努力的中心。

正是在这一暴力冲突升级的困难时期，一个极度不安的印度男子来见甘地，说他对穆斯林犯下了不可饶恕的罪行，并超出了上帝怜悯的范围。"穆斯林杀了我的妻子，"他说，"我气愤极了，加入了暴徒行列。"他描述了自己作为暴徒的一分子，他们在路上拦截了一个穆斯林家庭，然后把他们都杀死了，他自己亲手杀死了一个小婴儿。现在，他说，他的手上沾满了血，他无法再生活下去了。"我已经无法被救赎。"

"有一种可以被原谅的方法，"甘地说，"但你必须完全按照我说的做。"

"我可以做任何事。"这人说。

"你这么做，"甘地说，"去找一个穆斯林孩子，一个父母都被杀害的孤儿。你自己把他抚养成人，就像他是你的亲生儿子一样培养他，给他所有的关心。最重要的是，"甘地说，"一定要把他培养成一个穆斯林，让他接受这个信仰的全方位的培养。如果你用全部的爱去做这些，你就会得到宽恕。救赎的大门将再次向你打开。"

这个男人含着泪水，答应甘地完全按照他说的去做。他回到自己的社区，平静地把自己的一生奉献给了关爱和抚养一个穆斯林遗孤上。

与彼此在一起

人们不喜欢一切都将结束这个事实——包括他们的肉身也将走到尽头！认识到我们的身体总有一天终将死去，对我们而言常常是一个挑战。因此，当人们想到自己的肉体终将消失，人们常常习惯于抽离。

当人们从对死亡的觉察中抽离出去，这意味着他们失去了真正深刻聆听他人的能力。他人承受的痛苦会触动我们的这一觉察力，只有当我们重新建立起这个能力，我们才能真正地聆听他人。当我们意识到人类生命中所有方面的重要性，我们就能够成为强有力的教练。

当我们能够真正地"与他人在一起"，我们就实现了真正的觉察。在最深刻的层面，这意味着和我们的本来面目在一起。在这场通向觉察的旅程中，我们是彼此的同伴。我们都是这条道路上的朝圣者。

从隐喻的角度来说，这对于我们所有人而言，意味着与他人保持连接。也就是当他们面临困难甚至是面临死亡时，我们能够觉知到他人的感受如何。我们不再对那个觉察表达任何反对，我们与他们在一起，不会抽离出来埋首于自己的那一方天地中。这就意味着我们会学着对自己做同样的事情，即面临困难甚至是死亡时，觉察我们的感受。以这种方式，我们致力于充分表达自己的生命。

圣弗朗西斯和麻风病人

中世纪，有一个关于圣弗朗西斯的故事，这个故事发生在他的一次长途旅行途中。在一个荒凉的地方，他发现路边有一个麻风病人，他病得很厉害，该名男子有气无力地表示他需要帮助。

看到这个可怕男人的伤口和已经毁容的脸后，圣弗朗西斯迅速从他身边走过去，假装没有看见他。随即他的良心开始敲打他，走了100米后，他忽然走回来，找到这个男子并开始处理他的伤口。他慢慢喂他喝水，并为他祈祷。这个男子坐了起来，麻风病的手伸向他，这一次，他握住了那双手。这个男子变成了耶稣。

因自我认知而受苦

据说一共有四种类型的自我认知：

1）我们不知道自己不知道

我还不知道我要呈现的潜力中意识的所有方面。

我不了解能让我给予、支持、鼓励和帮助他人的能力增强的所有方法。

2）我们知道自己不知道

我知道自己不知道如何驾驶一辆747喷气客机，但是我可以学习。具有空杯心态，准备丰富自己的认知。

3）另一种是我们知道自己知道

这是一个实实在在的物质世界——我知道自己的身体。抓住了事情的规律，提升了自己的认知。

4）我们不知道自己知道永远保持空杯心态，这是认知的最高境界。

我不知道自己的内在了解如何在走路时保持平衡，但是这个内在的知识以一种完全可信赖的方式，掌管着我日常的行为和习惯。

通过一个强有力的故事，我们可以整合和呈现这四种类型的认知。在一个伟大的故事中，我们真正地与存在（being）的所有四个方面在一起——通过内在的自我认知来直观地体验。这意味着对内在认知进行整合，我们因内在认知在所有方面的觉察而"受苦"。我们学习探索和呈现我们的内在真相。

第七章
诚信和承诺

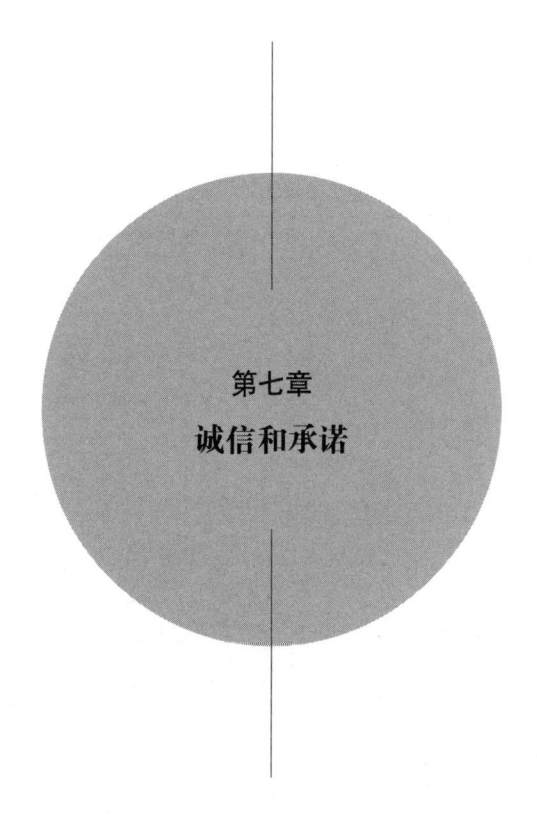

我可能是个微不足道的小人物，
但当真理通过我的嘴巴说出来时，
我就是无往而不胜的！

——圣雄甘地

用隐喻来指向

一个意识的隐喻可以将愿景和语言联系起来,从而有效地和全我(whole self)交谈。这样的一个隐喻提供了一个将觉知和自我探索连接起来的机会,并由此指出,要实现真正的成长需要什么。就像美国棒球英雄巴比·鲁斯那"指向中场栅栏"的著名姿势。

一个故事会描绘和训练人们,从经验的层面了解到意识和觉察自身各个特质的一些关键姿势、声调和图像。这些可能需要一些"指向",尤其在最开始。

指向自我探索,就像是观察春天来临的征兆。我们学习留意天气或我们生活中当前的思维方式,内心确信春天真的到了。但是,我们必须宣布出来,我们必须指出来。当我们有力地指出来、宣布出来的时候,就给了自己一个新的开始。

指向围栏:宣告 100% 的承诺

想象自己正坐在体育场的豪华包厢中俯瞰全场,你的下方是 20 世纪早期最伟大的棒球手!你能够看到传奇的美国洋基队的队员巴比·鲁斯。

将镜头推近一个伟大的场合:洋基体育场挤满了巴比·鲁斯的粉丝。你看到了巴比——一位笑容灿烂的大块头男人,昂首阔步从欢呼的人群前方走向牌子,与此同时,那个投手正在紧张地踱步。你看着巴比有条不紊地测试着棒球拍,时不时调皮地向人群挥手。

巴比终于做好了准备,示意人群安静下来。体育场刚才还是一片喧嚣,此刻立马安静下来。现在,请观察他,他抬起了手,胸有成竹地指向外场的栅栏。人群骚动起来。第一个投球流畅而有力,正中位置!

将巴比·鲁斯的姿势作为一个对自己、对所有人的隐喻性宣言来留意，他以这个姿势来承诺要获得百分百的结果，这为所有相关的人创造了一个"思考的空间"，一起发出意愿，创造那个具体的结果。这样的承诺能够让所有人都参与进来：一个共同创造的舞台，一步步地展开内在和外在的结果，这个需要百分百承诺的"展开过程"会在接下来发生。

你生命中何时对一个结果有百分百的承诺，无论身处何种情况？当我们还是孩子的时候，我们总是这样做。观察一个学步的小孩是如何坚定地学习走路或说话的。百分百的承诺是必需的。观察伟大的运动员们是如何专注于获得奥运会冠军的！百分百的承诺让我们越过栅栏！

转变情感，发展积极能量

我们倾向于通过我们的感官——视觉、感觉和听觉——来体验一个强有力的故事。从这个意义上讲，一个强有力的故事就像一个食谱，能够通过感官指导我们完全更新全身的意识，尤其是当食谱中的配料涉及重大挑战时。

下文中建筑商维塔利的故事，就是这种食谱的一个绝佳例子。它旨在影响和发展我们内在意识的更大范围，连接上我们内在探索的很多方面。当我们看到别人生命得到转变——无论面临着怎样的障碍，情感的改变就开始了，我们感受到自己爆发出积极的能量。

愿景的流动：建造俄罗斯"小镇"

这个故事是2001年发生在俄国的一件事。

当时莫斯科新发展起来的商业模式出现了经济危机，俄国卢布一夜之间崩盘，贬值了90%。12月，我的一位企业家朋友维塔利，发现他即将破产，他在莫斯科地界之外的有10000套房子的小城市才建成一半。这些精心设计的建筑被操场和花园环绕，本来很有吸引力，现在突然就没有潜在买家了。

维塔利陷入了僵局。项目依靠买房者的持续现金流来支付工人工资，如今，由于经济危机的影响，没有人买房，已经三个月没给工人发工资了。此外，施工经理和销售经理之间也潜伏着重大的冲突，大家都在讨论如何重新获得客户的信任。最紧迫的是，该公司的财务框架解体了，没有资金来维持经营，甚至没钱支付总部的取暖费。

维塔利，作为业主和项目负责人，恳求我和他的经理们对话，他坚信我有魔力让他们继续留下来。他站在我面前，抬起目光，"你可以激发他们，"他说，"这是一项伟大的工程，有了你的帮助我们一定能完成它！"

他双手举向空中，用一个伟大的、强有力的和富有远见的姿势打开手掌，他声音颤抖却充满力量地宣告："我们有我们的愿景！我们的团队能一起坚持下去！这个城镇会建成！花草也会栽种起来！"

维塔利用他的郑重承诺真正地启发了我，我想知道他的员工会怎么回应。他雇了一辆车把我从莫斯科中心送到他们主要的办公区，那里聚集了很多员工。就在那个早晨，到了那里后我发现由于公共设施账单没支付，整座楼的取暖系统被关闭了。我被领进了一个很大的冰冷的礼堂里，里面站满了沮丧的人们，他们都穿着大衣，围着围巾，戴着手套。

当人们变得悲伤和愤世嫉俗时，我们如何开始？幸运的是，我的朋友维塔利——这个项目负责人知道如何开始对话。他对着人群简短急迫地做了关于"抉择的一天"的演讲，然后，他转过头对我说话，他叫我"点火者"！

我们如何在萎靡不振的时候重建愿景？我们需要在逻辑层次的各个层面（愿景、身份、价值观、能力、行为、环境）提出要求，我们也可以为内在约定创造一个视觉化的隐喻，这将是对我们自身强烈的意愿，一个有效和有价值的诠释。我想知道什么样的愿景能改变他们，作为他们的发言人，我还想知道我怎么才能找到这个愿景。

我开始对人群说话。我发现他们是英勇无畏的团队，致力于完成一个伟大的结果。他们为自己的成功制订了怎样的合约？

我询问以前他们是带着怎样的精神加入到这个项目里的？什么样的愿景和使命召唤他们做这个事业？什么样的价值观使他们开始工作的？他们建造了怎样一个故事，甚至超越了令人惊异的耸入云天的超级建筑结构？

简单说来，我要求他们继续执行项目合同，完成项目建设——"即使在困难时期"。在寒冷的礼堂里，人们保持着平静，但很显然他们在聆听，没有一个人说话。

通过讲述重新开始的隐喻，可以开始新的成功合约了，特别是在他们自我声明的时候。讲了几个例子之后，我要求大家做演示，有几个人谈到了在企业里的自豪感，因为他们在建设一个伟大的社会。

我开玩笑似的要求他们说一个对这个最初目标的视觉化隐喻。如果他们找的话，会想到什么样的图画或者吉祥物？并且我要求的这个视觉化隐喻要能适合新形势。几个人给出了一些标准的隐喻：蜂巢、花园和车轮。这些都没能吸引人群，但是他们开始对这个话题感兴趣了。他们都曾辛苦地工作，这些隐喻激起了他们的自豪感。

这时，有人说出了当下的真相："我们就像一群在西伯利亚冰原上挖矿的矿工，矿石远在永久冻土层下面，我们被隔绝在旷野中。好像我们是孤立的，我们在寒冷的冰原上，是孤独的挖掘者。"

很明显，大家都喜欢这个分析，它符合现实。我玩笑似的开始用黑色笔在一个大白板上画了个帐篷城市，又添加了很多挖的深坑，用明显的线条来表现强风呼啸。很明显他们认可我画的东西，并让我添加更多悲惨的细节，比如孤独的帐篷和雪堆。

我继续细化这个图。现在我开始添加一些新的东西，我着重在所有帐篷中间画了一个"厨师的帐篷"，窗户里闪耀着桔色的光，我画了两条宽阔的路，分别从"建筑工人的帐篷"和"销售工人的帐篷"通向中间这个温暖的"厨师的帐篷"。我在图画上添加了更多的连通的道路、温暖的光线，为帐篷添加了更多窗户，人群渐渐活跃起来，房间里开始有能量流动。人们继续告诉我还需要添加的东西，我又画上了一群拉着货车的驴子，满载着金矿石，正准备离开城市。他们尤其喜欢这个驴车满载金矿石的图景。

我们继续就这个图画说笑了大约半个小时。他们郑重其事地讨论着"生活在冰原上"会遇到的一些困难，每个人都笑了。我指着那个看起来很温暖的厨师帐篷，问大家是不是足够大，大家又笑了，我又添加了更多宽敞、温暖、明亮的窗户。他们让我在驴车上添加更多的金矿石，我画了两米多高直到白板的顶端，并用黄色的荧光笔涂得闪闪发光，大家欢呼起来。

当我离开时，我觉得整个人群的情绪明显地放松了。随后不久我得知，他们进行了决定性的对话，并且协商一致，所有员工同意留下来工作到资金链恢复正常。一旦"金矿"送出去，"冰原上的工人们"每人被奖励一套公寓。

人如何发展新能力

当你——隐喻的创造者，详细描述转化性的例子时，我们的内在就又会重温那转化的体验。听众会自然地将这个故事与自己联系起来，通过这个故事，他们预见到价值的可能性，这在大脑中创造出新的连接，可以用来发展进一步的投入性回忆，并看到这个例子与自己生活的共通之处。

这个故事可以让一个人通过丰富的投入性觉知，连接上他们内在世界的体验。从神经系统的角度来讲，人们总是通过自己的身体来体验世界。视觉上的细化，创造出内在的自我图像，连接着我们的价值观行动以及身体体验的行动。

"泰迪熊野餐"

我们怎么培养冒险的习惯？我们必须去承诺，我们必须承诺有勇气去行动。有效教练的一个有趣特征，是种下敢于冒险的病毒种子。如果我要告诉你培养这个习惯，去视觉化，并承诺冒险行动的习惯能让你超快地接近你的目标，你会有兴趣吗？

"所有的生活都是试验，试验的次数越多，做得越好。"拉尔夫·沃尔多·爱默生说。重拾冒险的愿景是重新启动所有个人能量的重要组成部分。风险的反面意味着越来越多地专注于角色和规则，进而没有创意，没有兴奋。就像20世纪的作曲家鲍勃·迪伦唱的那样："要么忙着生活，要么忙着死。"

有一次我看着我那被破坏了的花园想到了这句话。一个冒险的熊，它从距离这三个街区远的山里跑下来，冲进我的花园，被公园管理者的麻醉针射中，然后被粗暴地拖到街上的一块防水布上，再被装进货车里，花园里留下了一大片被损坏的植物。看着这残损的景象，我想起了一连串在冒险熊协会的经历，比如在山中探险，背着我可靠的防熊喷雾，探索不列颠哥伦比亚省的山，意味着准备好和熊碰面，那儿有很多熊，但我们大多数人还是会在这些山中旅行。

我5岁的时候最喜欢的一首歌就是"泰迪熊的野餐"，这是一首有趣的儿童歌曲，讲的是伪装起来去森林里偷看熊的活动，对学龄前儿童来说这是个危险又刺激的事情。我刚30岁时参加了一个苏菲活动，在活动中我学会了勇于承诺，采取行动"走出旧的舒适区"。所有参与者的目标是每天做一件"出格的事情"，走出自己的舒适区，这需要跳出条条框框思考。

一个特别的周日也是加拿大的国庆日，我在参加小组活动时，发现自己想在4000人面前唱一首儿童歌曲。我走上舞台，面对着1000多名儿童，我决定给他们一个蹦蹦跳跳、踢踏跺脚版的"泰迪熊野餐"，这是我会的唯一一首儿童歌曲。我用了强有力的手势、很多冒险的强化动作和兴奋行动的强音。我的声音通过巨大的扩音器，一定范围内的人们都能听到，孩子们也非常喜欢！

"如果你今天去森林里，你肯定会大吃一惊；如果你今天去森林里，你最好乔装打扮；森林里的所有熊都会聚在一起，因为今天是泰迪熊的野餐日。"

在那一刻，我非常振奋，我发现当需要我这么做时，自己可以是一个非常成功的儿歌歌手。但是即使这次冒险没有成功，即使观众不喜欢我这种即兴的儿童娱乐表演，我也会发现这次冒险本身就是一种兴奋剂，让我认识到我敢于做任何事情，这感觉太棒了，让我兴奋和陶醉。有了内心"生命协议"的冒险行动，我开始敢于有大想象、大计划、大承担，并且通过这种方式，引发了我和我周围人的创业精神。

当机会第一次出现时，我就像玩一样地投入进去并采取行动，正是这样，我开始有了创造性的愿景，有了更多挑战性想法的火花。我向你挑战：近期你有过什么冒险行动吗？

不管你能做什么或者你梦想着做什么，放手去干。胆识能带给你天赋、能力和神奇的力量！

——约翰·沃尔夫冈·冯·歌德

第八章
你的"身心一致——身份",一个意识的场域

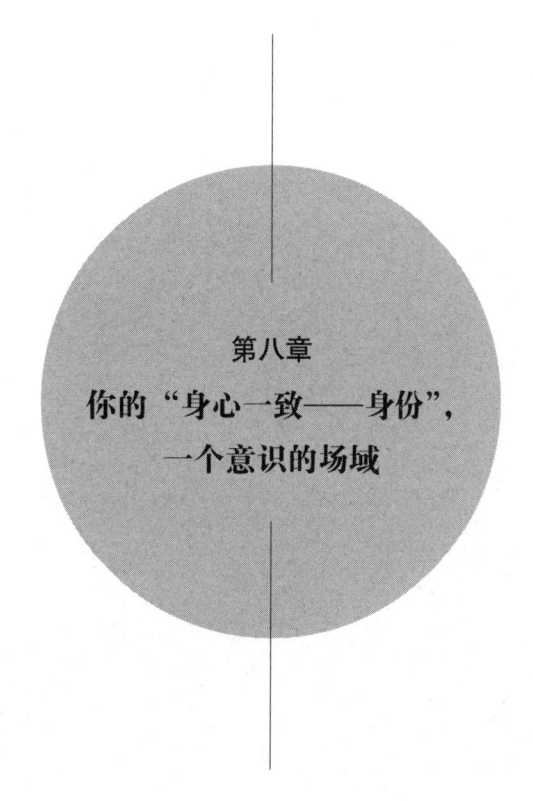

万物相互贯通。

——量子物理学家戴维·玻姆

扩展身份——我们是谁

身份（identity）这个词语源自拉丁语 idem，意思是"相同——不同例子或情况中关键特征或普遍特征的同一性"。是我们的身份在将我们的生命目的、能力和行为纳入一个完整的系统中运作。

身份观念是我们最深层的信念，将我们定义成时间和空间中的个体。扩展我们的自我意识总是涉及提出一个关键的问题："我是谁？"我们对此做出的回答，决定了我们的完整性，进而决定我们的身份——我们的身份是相同的一个！我们是身心合一的。

人们终其一生来设计一个有效的身份。我们总是忙于评价、探索和创造一个更加真实的自我意识，总是在更多地了解让自己也惊讶的内在意识，了解自己决定要去追求和发展身份中哪些方面。我们逐步探索着、改进着我们所创造出来的多重"人生故事"，当我们问自己"我是谁"，答案会让我们自己大吃一惊。

什么是完整性（身心一致）

亚伯拉罕·林肯的选择

我们怎么做到身心一致？

身心一致经常需要艰难的内部对抗。当强大的内在压力试图让你分心、改变或者放弃计划时，你坚定地坚持自己的目标和价值观。国会选举最后几周，在争夺一个关键立法席位过程中，发生在林肯身上的有趣故事就是一个很好的例子。

在竞选的最后几周里，双方竞争非常激烈，但林肯所在党派的宣传费和出行经费已经基本花光了。林肯的支持者和助手都在想方设法节省开支，合理利用仅剩的一点资金。而林肯的竞争对手很富有，他们在报纸上刊登了全版广告，还在许多城市组织了竞选集会。

一位富豪表示，他愿意为林肯继续竞选提供必要的资金。他来到林肯所在的政党的总部，很快被请进了林肯的办公室。门关上了，林肯的支持者们聚在门外，期盼着能有最好的结果。每个人都希望这位富豪能提供让林肯最后一搏、赢得竞选所需的资金。

突然，门开了，只见这位富豪低着头，拳头紧握，匆匆地离开了。林肯从办公室走了出来，脸上的表情很难看。他的支持者们问："发生了什么事？"林肯用不自然的语调说："每个人都有出卖自己的价格。这位先生差点就把我收买了。"

作为人类，我们是彼此真正的支持者和团队的组成者。我们努力工作，给予彼此远远超出"必须"做的界限。下面这个故事就是一个愿意远远超出职责界限去帮助别人的例子。

穿红夹克的人

中国东部地区的一场暴雨过后，世界上最大的机场之一——北京首都机场取消了79个航班。下午4点，玛丽莲和劳伦斯从温哥华抵达北京首都机场，得知去往深圳的航班一片混乱，可以订到的最早的航班是第二天下午，抵达深圳的时间会比计划的教练课程开始的时间晚六个小时，这个教练课程会有来自全国各地的五十多个学员参加。

那么，面对这些信息你会做什么？暴雨过去了，但是每架到深圳的飞机都已经被重新预定满了。

我和劳伦斯下定决心无论如何要坐上当天晚上的航班。我们开始寻找各种方式实现这个目的，但每次都被人用简短的英语驳回。我们从一个柜台到另一个柜台，和每个航班的主管人员沟通。一次又一次（六七次）他们核对航班和我们的行程，但我们一次又一次地被拒绝，他们有礼貌地告诉我们所有的飞机都已经爆满。我们填写了一个又一个等待表，但都无济于事。

当我们做这些的时候，两个小时很快就过去了。晚上有三架到深圳的航班，两架已经起飞了，只剩下最后一架了。更糟糕的是，和我们说话的人都不懂英语，此刻我的贵宾卡一点用都没有。

这种情况下你会怎么做？我的丈夫劳伦斯和我互相看了一眼，我坚定地说："我们需要帮助！一定会有办法的！"

就在这时，一个人走了过来，他穿着有很多铜扣的红色夹克式制服，用流利的英文很有礼貌地说："我一直在观察你们两个，你们是需要帮助吗？"我一口气说完我们的情况，好像这次终于有人听懂了。他仔细看了我们的机票和贵宾卡，又看了看手表后说："我知道怎么做到，我们开始行动吧。"我看着他那双坚定的黑眼睛，知道他说的是真的，并且我相信他知道怎么能做到，内在的信念让我恢复了勇气。

随即，他开始了行动。他说"跟我来"，他打开了一个电梯门，我们坐电梯下去，来到一个有各种小厅的迷宫里，里面有很多小电梯和小房间，最后我们来到一个小的"加拿大航空"的办公室，那时已经是晚上8:30了，有一个女人坐在办公室里。

穿红色夹克的男子递给她我们的机票。这两个人马上行动起来，就像足球教练和四分卫在比赛最后十分钟那样，她开始打电话，他拿着行李牌，跑向机场的第三个地下室去拿我们的行李。他说地下室里堆着成千上万件行李，就像被暴雨冲来的一样乱。"找行李是最大的挑战，但我肯定能找到！"他说道。然后他确认了计划："我把你们的行李拿到这儿，她负责给你们找航班，我们肯定能做到！"他的语气非常坚定。

我再次感到深深的确定。我不知道他是谁，但他能驱动这个在办公室总台的女人，她在用汉语一个一个地打电话。他在主导整件事，他的语气非常坚定，我满怀希望。

不到半小时他就把我们俩的行李箱拿回来了，我真想知道他是怎么做到的，我觉得他没准是机场的总管，他看着很像。

突然，他和总台的那个女人欢呼起来，像是一个球队在比赛的最后时刻得分。穿红衣夹克的人再次开始主导。"飞机还有座位，我必须带你们去。"他说着，拉着我们的两个又大又重的行李箱跑向大厅。

他指导各种各样的人来让我们快速通过机场管理区，十五分钟后我们来到登机口。

"他是谁？"我又开始想，"我们怎么会这么幸运？"他让我们直接通过了安检、海关和身体检查，穿过排队的人群，来到登机口——正是我们要坐的飞机的登机口！这架飞机正准备起飞。

现在，让我们吃惊的时刻到来了。他高高地站着，看着劳伦斯的眼睛，伸出了他的手。直到那个时刻我才意识到他实际上是个搬运工，一个搬运工为我们做的这些，一个搬运工的行为、言谈举止完全就像一个领导者。劳伦斯惊讶地给了他一大笔"小费"，然后我们登上了飞机。

他这么做是"为了钱"？有可能，世界用令人惊讶的方式回应"呼救"；他这么做是为了高兴？有可能，宇宙用神奇的行动带来兴奋的机会；他这么做是因为社会精神？有可能，宇宙给了我们这个星球上所有居民很多美妙的链接机会，让我们能在关键时刻互相扶持和关爱。

我的经验是，不管动机是什么，他这么做是为了我们。是的，这里面有金钱、乐趣和支持的因素，但心灵有更深的原因。最深层的原因很简单，就是在一个美妙的叫作帮助别人的游戏里，真实地面对我们愿意帮助别人的意愿，进而做真实的自己。

我们总是能为我们做到这点：尽情地为我们玩这个游戏。我们可以为我们贡献我们的心、时间、能量，并获得生命最深刻的宝藏：感恩、爱和意义，为了我们这个整体！

拆掉墙

内在意识的发展和上瘾症的养成是两个对立面。上瘾者被自己惯常的、关于自我局限性的内在声音所困。因为上瘾者认同他们的头脑，这就意味着他们会错过直觉那部分——超意识或深层认知。这就如同他们被隔在一堵墙的后面。

打破隔离的方式，是要研究我们最有价值的时刻，尤其要留意觉醒意识发生的那些瞬间。当我们真正与内在的自己在一起，会觉察到我们深层的人生价值观。当我们发展出对各种环境（contexts）的真正觉知——这对我们生命发展至关重要，我们就开始觉醒，那些隔离深层认知的墙就挡不住我们了，随后会消失。

真正的人类潜能

近日，从哈萨克斯坦回温哥华的途中，我的飞机经过了中国的长城。在几千米的高空可以看到它绵延数百公里。大家可能知道，长城其实没有完成。但是，经过500年的严格维护，它暂时地成功抵御了蒙古国的入侵。

21世纪是一个充满巨大挑战和变革的时期，我们人类需要强有力地行动起来，为我们的孩子创造新的选择。作为人类，我们所面临的挑战需要我们超越历史和"千年部落文明"的旧习惯和局限。我们今天面临的挑战要求我们真正地开发人类潜能。

作为教练，让我们向前看一下，就好像我们能够真切地看到，我们期望达到的人类潜能的视频。假设你能在这个视频中看到未来的自己，你看到自己是成熟和明智的！你看到自己充满能量，并致力于帮助周围的人，能将每个生命的内在宝藏当作整个人类的宝藏来关注。

你如何建立一个桥梁通向那样的未来，并握着自己的手一步步走过去？你需要教练吗？如果需要，今天就找一个。你真正的人类潜能太重要了，以至于不能用它来"守护墙壁"。让所有墙壁倒下。

你打算如何超越"长城思维"？你想将图像放大，像在一个巨大的气球上俯瞰这道墙吗？你想象火箭飞船一样飞向"脱离重力"的广阔意识吗？不要抑制自己真正的潜能。让所有墙壁倒下。

当我第一次将孩子抱在怀里的时候，我们就许诺说"越过这道墙"，我们向他们的未来做了100%的承诺。

让我们在未来几年切实实现这些承诺，让我们强力开拓。如果我们暂停了，只需在第一时间重新启动。不管怎样，我们需要再次承诺！通过这种方式，我们承诺真正发挥人类的潜能。

你怎样才能真正开始？

可持续的星球

我们将酸奶的制作方法当作一个科学的隐喻，来展示地球的可持续性。想象你面前有一瓶纯牛奶，想象着将两颗乳酸菌放进瓶中，几分钟之内，你会注意到它们增大了一倍，很快又大了一倍。5个小时中，它们几乎能长满整个瓶子，与此同时，牛奶变成了酸奶。当然，如果你想要酸奶，现在可是非常棒。但是让我们考虑一下真正发生了什么。考虑一下从一个东西变成另一个东西的那个临界点。假如只是糖水和乳酸菌，在同样的情况下，一个小时后，所有的糖分都会被消耗完，乳酸菌也已经死了。

思考一下糖分将要被乳酸菌消耗完，随后乳酸菌将要开始死去的那个点。这个时刻是在什么时候发生的？换句话说，挑战何时开始，何时结束？

是在中途一半的时候，也就是我们应对挑战中途的时候。对于乳酸菌而言，是当糖分被消耗一半的时候。如果再有这么多的乳酸菌，那瓶糖水就已经被消耗完了。达到了50%时，这些菌就超过了自己的能力。

这瓶水就像地球。地球上的人（乳酸菌）正忙于努力提高GDP（国内生产总值），之后分配更多，有更多的增长和消费。但是在这个过程中，真正的挑战被忽视了。挑战在于维持地球本身的可持续性（糖水）。我们如何采取行动来获得可持续性呢？

第九章
生命伟大的礼物:勇气和决心

我造这艘船可不是为了停留在海港中。

——鲁米

构建你最强的身份

你创造故事时,讲述中是不是用你自己的名字都无所谓。每个故事反映的都是所有人的生活,故事中的每个角色都是每一个人的体现。无论故事的主人公叫什么名字,我们都能在他身上找到自己的影子。故事的情节总是我们的生命以一种崭新的方式来展开,于是我们静下来、倾听着——关于我们自己的故事。

因为这个原因,在每个故事中都可以加入你自己的追求和你的自我探索。描述在身份重建中遇到的挑战,是强有力的隐喻运用。故事中那个人的生命故事正在一步步向听众展示,我们需要深深地关联上那个人。

如果我们列举出一系列自我探索的问题,那么要去定义我们最强的身份就变得容易多了。在思考这些问题的答案时,我们就开始走上了一条通向了解内在深层结构的道路。我们必须要清楚,生活中的什么会支持我们的目的?如何超越旧有身份中可能会限制我们发展的任何习惯?而这个过程会让我们的实践在更高层面上进行,让自我身份更强。这个隐喻实际上是为我们自己而创造的。

探索完整性的基本层面,我们需要问自己:

1)我是谁?

2)我的优势是什么?

3)我生命的主要目的是什么?

需要向内心深处探询这些根本性的问题。当我们描述自己性格的时候,就会发现自己的更多层面。现在,我们的声音、姿势正强有力地诠释着这个生命,听众也不得不跟我们一起进行探索。一旦我们探索出这些基本问题,就会开始向更深层面探询。

如果你对第一个问题的回答就是一扇门，穿过这扇门你可以进入下一层面的人生设计，那会如何呢？如果你的生命是一棵树，你可以去探索树根——生命之树向上生长的根基所在，那样会让你探索到花的部分。所有的这一切，会让你的故事因为你的绽放而变得芬芳起来。给自己提出下列问题，认真地思考答案：

为什么
- 为什么我选择了这个方向？
- 为什么我想要改变或想要发展？
- 为什么以这种方式发展是值得的？

怎样做
- 我如何找到和发展我的人生方向？
- 要想更好地成为我所希望的那个人，我将如何去发展？
- 我怎样才能认识到自己的天职，或怎样才能实现我的愿景？
- 我怎样才能有效地承担起负责任的角色，并指导他人做同样的事情？
- 我如何能够学会做正确的选择，以优化自己已经知道的？
- 我如何能够继续完善我正在成为的那种人？
- 我如何扩展我的自我感？
- 我如何发展自己的感知意识和当前的体验？

是什么
- 什么能让我最好地整合全新层面的存在？
- 什么能让我将更多的热情带入到我的天职中？
- 什么会帮助我放弃掉原先的身份，如果它们阻碍我获得进展，什么会帮助我把它们丢掉？

之后会自然跟上的行动步骤
- 管理好自己和他人之间的界限。
- 学会在必要的时候向他人说"不"。
- 学会在必要的时候请求帮助。

所有这些问题都可以在我们故事里人物的生活及其所遇到的事情中体现出来。

卡尔·沃伦达的故事

卡尔·沃伦达的故事非常吸引人。如果你擅长的技能和技艺，这个最让你快乐的东西，却变成了你最深切的痛苦，这对你来说意味着什么？你会放弃自己喜欢做的事情吗？还是说，即便是在人生最黑暗的时候，你也会忍受痛苦，朝着自己的专长继续努力？这正是卡尔·沃伦达做的。在人生悲剧发生之后，他在自己擅长的技艺领域继续努力，为他的生命再一次带来了深切的欢乐。

卡尔全家都是走钢丝艺人。20世纪40年代末，他们一家人练成了一套令人赞叹的绝技。在表演的最后，他们会进行惊心动魄的六人叠罗汉，也就是三个人站在钢丝上，两个人站在他们的肩膀上，一个人站在最上面。"飞人沃伦达家族"的称号世界闻名，他们和林林兄弟马戏团一起表演，还上过电视。

20世界50年代中期，我曾目睹卡尔的单人表演。那时我8岁，父亲带我去一个有三块场地的大马戏场看表演。在第一块场地里，小丑们在表演哑剧，他们摔跤，互相推搡，从口袋里扯出无穷无尽的丝巾。在第二块场地里，马儿正在翻腾跳跃，穿着芭蕾舞短裙的女孩站在马背上。在第三块场地里，驯兽师穿着红色的马甲，用鞭子指挥老虎和狮子跳过铁环。

父亲指着热闹场地上方的一根钢丝告诉我："看见上面的那根钢丝了吗？表演到最后的时候，会有个人表演走钢丝。"

我现在还能回想起当时的情景。沃伦达的名字响了起来，他个子不高，穿着带黑色亮片的紧身衣。他向观众鞠躬，然后迅速沿梯子爬到房顶上。他满怀深情地拾起平衡杆，抬起了头，定了定身形，直视前方，踏上钢丝。他缓慢而优雅地走着，就像在跳舞。

1962年，在一次表演六人叠罗汉的时候，沃伦达一家人从六层楼高的地方摔了下来，两人死亡，两人重伤。重伤的人里有卡尔，他的骨盆骨折了。一瞬间，"飞人沃伦达家族"就这样消失了。

这次可怕的事故过后，卡尔是怎么做的呢？他花了6个月的时间进行治疗，才能在双拐的支撑下活动。他能够走路后，就在家里后院的草地上架起了离地5厘米的钢丝，坚持每天练习，然后渐渐把钢丝升高。

卡尔不愧是一位大师，他练习自己的精彩节目，把全部思维集中在钢丝上。通过在钢丝上舞蹈，他跨越了恐惧和悲伤。他给每一次舞蹈都注入了新的表现力。面对记者的提问，他总是说："走在钢丝上我才活着，其他一切都是在等待。"每天，他都会攀上梯子，好像在开始谱写一首新诗。

大师知道自己决定做的事是内心深处的选择，做这些选择不需要得到社会的认可。他们让自己的愿景选择路径，抱定决心完成旅程。

你要走的钢丝是什么？你心里的渴望是什么？你在创造什么样的命运？

一个人怎么走钢丝？这个过程看起来简单，却深刻地展示了什么是真正的大师。

首先，你必须深入聚焦于价值。先判断这件事有价值，然后做出承诺。

然后，你需要找到一根平衡杆。平衡是走钢丝大师的核心要素。要成为任何一个领域的大师，平衡同样重要。

你需要清晰的愿景。向前看，看到愿景实现的景象，看到命运在召唤你。

最后，你需要深刻体验那一刻的欢乐！成为大师意味着你要花时间舞动生命。

记住卡尔的话："走在钢丝上我才活着，其他一切都是在等待。"

用隐喻故事进行自我精通教练

在听着故事的情节发展时，我们和听众都将获得更宽广的视角和教练位置意识。他们听着故事中的开放式问题，之后自然会问他们自己这些问题。因为故事是关于别人的，他们获得了一个放松的观察者视角，从这个视角出发探索他们自己的问题。

在这种情境下，他们可以自由地开始向内心深处探寻，甚至将可能阻挠他们进行内在探索的规章、条条框框抛在一边。这个故事让他们再次踏上自我探索的那条路，他们继续着人生旅程中最宝贵的那一部分。

要选择出最合适的隐喻，你必须要确定听众们面临的关键挑战是什么？同时要留意，大家所面临情况的相似之处和独特性在哪里？最后，根据你的直觉来选择一个故事。对你的愿景开放思维，带着慈悲和诚实讲述你的故事，如果你的直觉认为有哪些细微的变化会让你的叙述更加绘声绘色，就利用上吧！

可能的话，你也可以在这个隐喻中展现出自我教练的过程，这对你而言是一个有价值的扩展体系，能够让你发展一致性（congruence）、自我觉察和积极的自我评估。或许你会为你的故事找到一些启发性的幽默，表现一个人如何从之前狭隘的信念和行为中解脱出来。

在你的故事中，你总会面临一个更大的完整性，在讲述的过程中，你体验着为实现精通所进行的一步步探索。你的故事总会体现出更多的真相、更强的爱的能力。如果你让自己跟随故事的探寻，你将和听众一起因这个故事而受益匪浅。

你可以运用故事在自我精通之路上点亮一盏灯塔，这是一个令人兴奋的过程。你传授如何扩大自我觉察的步骤，之后见证一个人或一群人开始聆听，在更深的层面探索和发现，与此同时，你自己和他们一样也在这样做。

山里的郊狼

我从来没有真正害怕过出发,害怕过深入荒野的探索之旅。8岁的时候,我的家人在加利福尼亚州的小镇上住过一段时间。我很喜欢出去,走几里地,进入小镇附近的山里,去探访牧人和他们的畜群。从童年时起我就发现,走进山里漫游是一种甜蜜的自由。

我在亚利桑那州住的时候,抓住了几次机会外出。

早春的一天,我出发准备远足5天。我重游了以前见过的美丽的地方,并继续深入到新的区域。一天之后,我到了一个看起来荒无人烟的地方。穿过一片遍布岩石的高地,我进入一个巨大的山谷,那里长着草,还有一些树。我注意到干燥的地上有不少动物的脚印。

沿小路往下走,我看到越来越多的脚印。是不同种类、不同大小的动物留下来的。我既没带帐篷、武器,也没有火柴,我坐下来,喝了些果汁,思索着这种境况,这时太阳开始下山了。

这个美丽的山谷很安静,我想了想自己的不同选择。那天很漫长,而拉出睡袋,躺在布满动物脚印的山谷里,安全无忧地睡个好觉看起来应该是件容易的事。然而,这地方有种很明显的怪异感,我感到很不安,无法决定。

我是在小道上走了一个小时,翻越了一片布满岩石的、多风的高地之后才来到这里的。在夜幕降临以后走回去是蛮干的行为,要离开这个山谷得攀爬很长的路。

我对那个时刻记忆犹新:一边考虑着有哪些选择,一边告诉自己要聚焦在什么选项上。要留在山谷过夜的最佳地点尚不清楚,而已经干了的动物脚印到处都是,一串一串的。是什么动物呢?怎么办呢?

突然,我看到它了,像小狗似的,从附近的山坡上看过来。我认出这是一头郊狼。它蹲坐在地,安静而又放松,饶有兴致地观察着我。然后头也不回地跑过山头,不见了。

我想,没关系,就是一头小郊狼。但那么多脚印吸引了我的目光:好多不同的动物来过这儿!怎么办?

一个主意闪过:我小时候从法利莫瓦特所著的《狼踪》一书里读到过狼类动物对领地的划分。书里描述了加拿大北部的狼,作者只要"尿出边界",狼群总是会尊重他的宿营地。焦点从吸引目光的动物脚印转到了意愿之上,我想:"这是个好办法!试试吧。"我至少花了一个小时喝够了水,来干这个活儿,划定我的边界。点和点之间离得很近,我在每个点撒足够的尿量,然后就躺下睡了。

我很想告诉你我度过了平静的一晚,但那怎么可能呢!

我醒过来,看到黑暗中满天星斗,听到灌木枝折断的声音,动物穿行其间,还听到叫声大合唱——嚎叫、尖啸,还有四处的沙沙声。郊狼们一定是在我栖身的小山谷中开全国大会呢,而我肯定是被展示的战利品。一群狼在山谷这头嚎起,其他狼就都跟着开始嚎叫,我一次又一次听到动物过来,绕着我的营地跑,却没有一只越过我精心标记的界限。我僵硬地躺在那儿,只有鼻子露在睡袋外面。

终于,黎明降临,声音停止了。我睡得并不好,但我是带着感激和警觉起身的,内在的提问带来了安全。现在我可以拍拍尘土离开,迎接新的一天了。

在荒野中,我骗了动物们。然而,聚焦的注意力使我可以跟这群动物交流,并得到他们的尊重。这故事听起来很好笑,但我提醒自己:在需要的时候找到好方法根本不是玩笑。我问自己:"我想要达成的目标是什么?我怎么达成?"而我内在的回应,从存在的深处浮现,回报我一个赋予我能量的计划。

以令人惊奇的方式去解决问题的创造力,是身为人类的最重要的定义。我的解决方案只是一个小小的、好玩的方法,他来自20年前我读过的一本书,但当时那正是我所需要的。不可思议的是,我发现当自己专注,向内心请求帮助的时候，清晰的方法就会降落在脑海中。从那时起，这件事就一直提醒着我：我们所有人都可以找到自己需要的准确答案。内在指引会帮助我们！

这种能力让我相信人性。我们每个人都能够专注，去行动，能够找到解决方案，让我们的种族得以穿越黑暗的时代，进入人类力量的圆满之中。当我们请求的时候，内在指引会帮助我们找到并采取最好的行动步骤！

充满评判的世界

20世纪50年代早期，在纽约的一次内科医生会议上，米尔顿·埃里克森计划做一个标准的催眠演示，主要展示催眠对医生的用处。会议在医院举行，主办方让米尔顿在医院里找一名有意愿的护士来做催眠演示的对象。米尔顿找遍了大厅，遇到了名叫劳拉的年轻护士。简短的交谈之后，劳拉同意去做演示。

演示时间定在下午。午餐时，米尔顿告诉组织者他的催眠演示对象是一名叫劳拉的年轻护士。"你不可能用她的啊！"他们都惊叫起来，"她的朋友告诉我们她有自杀倾向，她正计划着两天内辞职，结束自己的生命呢！她的朋友都很担心，我们也很担心。如果你让她做演示对象，有可能让事情变得更糟糕。"米尔顿想了一会儿，回答说："我觉得正好相反。她现在对这件事感到很兴奋，如果我不让她做演示，她更可能做出负面反应。"

下午课程开始时，劳拉果然很愿意做演示。米尔顿很快就演示了他计划要展示的催眠特性。还剩下些时间，米尔顿问劳拉她在纽约最喜欢去的一些地方是什么，她回答说："植物园、动物园和科尼岛。"

"那么我们来游览一下。"米尔顿说。

他邀请劳拉细致地做视觉化的想象，在头脑中沿着植物园里她最喜欢的小路游览。她愉快地描述了一条路边长满了五颜六色大丽花和紫色勿忘我的小路，接着，她描述了这个美丽花园中的许多区域，惊叹来自全世界的树木，还有微型的盆栽。

然后，米尔顿带劳拉去了动物园，她在那里享受着，看到来自不同大洲的各种各样的动物，一些动物特别奇怪。她提到动物的幼崽，米尔顿就让她慢慢走，去看猴妈妈和小猴在一起；再去看犀牛宝宝，它们害羞地从保护着自己的妈妈的腿后面向外瞄。

后来，米尔顿带着劳拉去港口游览。在那里，通过她的视觉想象，劳拉经过所有那些货轮，有的正在进入船坞，有的正在卸货。最后，劳拉走到了科尼岛，在那儿，她看到许多家庭正在野餐，孩子们正在海滩上堆着沙堡，年轻的恋人们在水边漫步。

演示结束后，米尔顿感谢了劳拉，告别离开。一周后，他在亚利桑那的家里接到一个电话，会议的组织者在电话中说："劳拉不见了！"人们去过她家里，公寓已经全空了。劳拉是个孤儿，没有家人，她也没留下任何关于行踪的线索，他们认为她已经死了。"你可能杀了她！"组织者又说。

"喔，我确定她会出现的。"弥尔顿说。

1个月过去了，依然没有劳拉的踪影。

两个月过去了，依然没有劳拉的踪影。在医学大会上，人们对米尔顿避之唯恐不及。

3年后，依然没有劳拉的踪影。米尔顿仍然声名狼藉。

6年过去了，仍然没有劳拉的踪影。现在这个话题完全过去了，人们已经忘记了她，但米尔顿没有。

12年后，米尔顿在家接到了一个电话，一个女人的声音在电话的另一端说："您可能已经不记得我了，我叫劳拉，12年前，在纽约的一个医学会议上，我做过您的演示对象。"

"喔，我记得很清楚，劳拉，"米尔顿说，"你一直在哪儿啊？"

"我刚从澳大利亚回来，在那儿我有了家，和丈夫还有三个孩子一起生活。"她说道，"您给我做了演示后，我非常感动，特别开心，于是我就去沿着港口散步。一条货轮第二天要开往澳大利亚，我和年轻的船长谈起话来，得知他们船上特别需要一名护士。我当时正要离职，受到那个瞬间的鼓舞，我决定跟他们走。于是我拿了护照，还有需要的东西就离开了。在船上我遇见了我未来的丈夫，我们在澳大利亚开始了新生活。我这次回来待不长，跟一位老朋友聊过后，她告诉我应该给您打个电话。"

"我就知道你没事，"米尔顿说，"事情有了圆满的结局，太好了！"

自我设计的问题

故事中有了教练和自我教练的内容，要让我们的听众和我们自己更深地进入生命的内在，我们要问一些关于自我设计的重要问题。

当我们相信自己会发现自己的内在真相，我们学习：

· 评估旧有身份，如果这些身份不再相关，就把它们丢掉。

· 让我们成为更好的人。

· 探索我们更大的愿景。

· 感知我们的使命。

· 拥有更大的人生梦想，超越各种挑战。

· 支持他人采取步骤去学习，以应对他们自己的挑战。

· 根据情况需要，变得更加灵活，并通过我们的故事来向他人示范那种灵活性和自我信任。

随着故事情节的推进，展现我们的主人公坚毅的精神是很好的！详细地介绍如何获得领悟，故事的主人公如何确定出自己的关键风险、挑战，并作出抉择，这些描述是非常有价值的。我们会发现接下来要采取的步骤，一步步接近我们的目的，我们与这个主人公关联起来，我们的声音和身体表现着他一步步展示出来的能力。

通过这些细致的描述，我们用身体和语调来展现故事主人公所有浮现出来的积极品质。这种方式让我们真正展现出：

- 教练位置，以及它带来的价值连接的全貌。
- 故事中的惊喜、独特的挑战、失望和困难。
- 发现更宽广意识的内在体验。
- 重建致力于内在成长和丰富生活的意愿。

危机中的"埃及艳后"：灵活性教练

世界上各种金融危机让我开始注意恐惧的本质。这和你是否感觉到它无关，真正重要的是它是否阻止了你去做必须要做的事情。当你感到恐惧的时候，你怎么跳向另一个层次的灵活适应性？

财务恐惧很有趣。怎么能让我们度过财务危机并从中有所收获呢？思考着这个问题，我想起20多岁时在加利福尼亚学习心理学，那时候我遇到了财务危机。

学费很贵，但这个学习对我很重要，为了学习，我带着两个孩子来到了加利福尼亚。本来我找到了一份合适的工作，做临床心理学家，但到加州后发现这个职位由于行政变更取消了。我负担不起在加州生活的费用，为了生活需要调整预期，对我来说是个挑战。我留心报纸，但没看到什么适合的工作，我觉得是时候转变思路了，并且前景不容乐观。

我开始思考怎么能很快地创业。我决定在西好莱坞之家为学校里的孩子们开设一系列的晚间"烹饪课程"来挣钱，6-8岁的孩子对这个课程很感兴趣，我每周将这些孩子聚集在一起做面团或者水果沙拉。那时是在春天，我开设了有机蔬菜园，非常有趣。但这些挣的只是零钱，不够房租。

我再一次查看各种合适的招聘信息，再一次失望，然后我开始发狂，从而变灵活起来。我发现了给艺术学校提供人体模特的机构在招聘模特，当然这不是我正常的"自我形象"，但是我去的话就能挣够钱付房租。我开始每天开车辗转于洛杉矶地区的各种高等艺术专科学院。

想象一下这个场景：从复杂的高速路出口下来，找到停车位停车，借道穿过一群学生和弯曲的通道,冲进一个满是你从来不认识的人的大学教室,然后马上脱掉衣服一丝不挂,很让人迷惑不安。但是这个工作收入不错,并且我经常会读一本有趣的书,当我像埃及艳后一样斜躺在沙发上供一个艺术班级雕刻3小时的时候,财务危机解除了。

设计深层转变

我们以讲故事的方式展示一个人评估和建立自己更真实的觉察。可能的话,或许你会想要在故事中展示这个人在勇敢的自我实现中迈出一大步:对一个新开始起到至关重要作用的最初行动。

我们人类终其一生都在设计一个有效的身份。通过我们所说的故事来清晰地展示人们所有的深层转变是很有价值的。例如,我们可以用一个故事来描述某个身处困境中的人勇敢地向前迸发,一路所取得的进展。我们可以展示他们具有强烈的承诺、越过所有路障、最终走出困境。也可以描述故事中的主人公如何进一步发展他们的身心一致、真实性和精通能力。

如果我们介绍故事的来龙去脉、展示整体意识场,以不可阻挡之势将我们的主人公推向更深层面的自我认知,听众就会获得价值。当有人在探索这样一种更勇敢的存在方式,我们会想要为他庆祝。

学习走路

米尔顿·埃里克森曾经讲过一个很有力量的故事,说的是他小时候刚刚罹患脊髓灰质炎的日子。他说起自己从中获得的那个富有启发、以积极的方式改变了他一生的想法。生病变成了一个跳板,使他收获了最棒的问题和最好的学习。

想想一个15岁的男孩,某天晚上带着疼痛的嗓子上床入睡,三天后才醒来，却几乎因脊髓灰质炎而死去。如果是你，发现自己——事实上已经瘫痪——唯一能动的就是眼珠，你会怎么办呢？这就是米尔顿年轻时候的经历，他就是这样生活过来的。

在20世纪30年代，美国农村地区的卫生部门还不知道如何治疗米尔顿患的这种病，他们只是帮米尔顿的妈妈做了一张床，放在厨房里。这样，在妈妈干活的时候，可以把他带在旁边。他躺在那儿，日复一日地看着母亲做日常事务，忙着照看刚出生和正在学步的妹妹。

米尔顿极度希望自己能动，他渴望地看着，观察自己刚出生的妹妹，看她抬起头，低下头。由于他深深渴望着重获自己的活动能力，于是开始想象自己可以做那些简单的动作。令人惊异的是，经过几次视觉想象，米尔顿感觉到自己脖子的肌肉有了一些微弱的动作。他带着喜悦一次一次进行视觉想象，获得了更多的动作。他意识到这其中的重要意义，就开始了每天的例行程序，一小时又一小时地观察妹妹越来越熟练的动作，然后就在脑海中准确重复自己所看到的。他学着去尽一切努力。

一个月又一个月，米尔顿继续着每天的视觉想象。当小婴儿学着抬手、踢腿，以及其他动作时，他也在头脑中练习同样的技能。然后，随着他自己的动作开始微弱地回应，他进行了实际的身体联系。

两年后，经过严格的视觉化和练习，米尔顿能拄着双拐走路了。医生们认为这是一个奇迹，而他本人觉得这是艰苦努力的结果。他学会了去做一切努力。

现在的权威人士认为，米尔顿是通过使用新的脑区，重建了受损的神经通路。在出生后六个月前，经历脑部受损的新生儿都有这样的能力，一些专家认为米尔顿的新能力与此相同。米尔顿注意到，在他一遍一遍视觉想象的过程中，需要他问自己一些关键的问题。

米尔顿的成果是双重的，他不仅重获许多原本失去了的行动能力，更创造了机会让自己深深地理解了觉察、观察、提问、探索意图、视觉想象与亲和关系的力量所在。这些经过充分实践的理解，逐渐让他开始走路，完成高中学业，之后又展开了非常成功而富有创造力的医学事业。他获得了观察、提问，并跟随内心提示的强大能力，这些能力是大部分人一生都未曾发展出来的。只有我们自己能决定新的开始并创造它们。去尽一切努力发挥意识的力量吧！

第十章
团队合作和转化

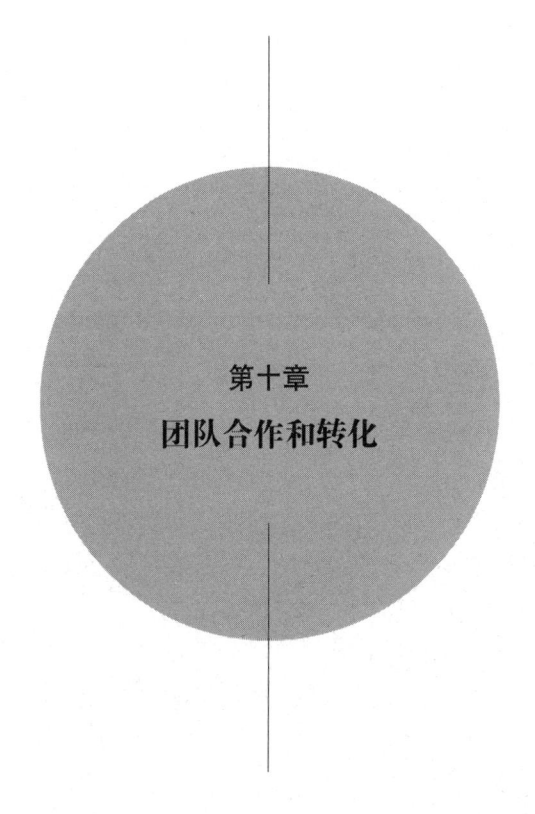

我们都是团队成员。

——玛丽莲·阿特金森

横加公路上的突破点：开卡车和搭便车的人

20世纪70年代末，我进行了一次有趣的冒险。我开着一辆皮卡车，拖着一辆小房车，从纽约出发，横穿加拿大前往温哥华。对我来说，这是一次不同寻常的旅行，因为此前我只开小轿车做过短途旅行。我决心要进行一次有趣又安全的旅行，但离开多伦多7个小时后，我发现自己独自行驶在横加公路上。天色渐渐变暗，我的卡车也渐渐慢了下来。当我开始觉得害怕的时候，我发现了一个服务区（停车场里停着很多大卡车）。我开了进去，在引擎熄火前找到了停车位。服务区很黑，所以我爬到房车里睡觉去了。

第二天清晨我醒来后，发现小皮卡车的电池一点电都没有了。一位留着灰白胡子的魁梧的司机从一辆巨大的双头车里走了出来。他揭开我车子的发动机罩，检查了一番，然后摇摇头，告诉我发电机报废了。

我叹了口气。那是个星期天的早晨，我身处安大略省北部。这意味着，24小时里这个与世隔绝的服务区都不会出现机械修理工。

那个灰白胡子的卡车司机说："我告诉你，沿着这条公路走300公里就是我家了，我在那儿开了一家废旧汽车回收站。我可以帮你找一个能用的发电机，换掉你的坏发电机。这是你最好的选择了！我会帮你发动车子，你只要一直跟在我后面就行。然后我会帮你换个发电机，你就能继续旅行了。"

多棒的帮忙啊！不一会儿，那个卡车司机用一个跳跃式启动发动了我的引擎，我们一起沿公路前进。

几个小时后，我看见一个年轻的德国搭车客。他穿着绿色的皮短裤，戴着一顶皮帽子，手里举着一个大牌子，上面写着"大学生搭便车到温哥华：请帮帮我"。他看上去很和善，也很开心。我停下车，很好奇地问他到底是不是德国人。交谈了三四句话后我确信了。他告诉我，他已经在这里站了两个小时了。

我示意他从皮卡的另一侧上车，并伸手去开另一侧的门。我的脚从油门上滑了下来，引擎熄火了。突然之间，我们两人都被困在了这里。与此同时，我看见那位卡车司机巨大的车影消失在前面的小山里。

我和搭车客相互认识了一下，然后聊了聊在这个荒郊野外得到帮助的希望是多么渺茫。在采取任何行动之前，我决定先到房车里喝杯咖啡。我倒咖啡的时候，听到了汽车喇叭的响声，看到那位卡车司机从小山里掉头回来救我们了。他边摁喇叭边挥手，伴随着从山上下来的尖锐刹车声。

他紧急刹车，车子横在路上停在我面前时，路基塌了下去。大卡车的后半部分突然滑下了路沿，陷进了沟里。现在，我们三人都被困在高速公路上了。

设想一下，当时还不是手机普及的年代，卡车司机查看了车子的损坏程度，然后摇了摇头，大卡车几乎要侧翻了。我泡了第三杯咖啡，准备了一些三明治。我们谁都没有说话。

突然，"营救队"出乎意料地出现了，他们每个人都是开了很长一段路的卡车司机，直到看到沟里的卡车时，他们才意识到自己成了营救队。每辆车都自觉地停了下来，不到10分钟，就有6辆大卡车停在了高速公路上，4辆在路的一边，两辆在另一边。他们都遵守卡车司机"一方有难，八方支援"的基本原则，7辆大卡车，加上我的车，看上去就像一个小镇，除了一条车道外，高速公路上其他的车道都被堵住了。

每个人都开始行动，组成了一个完美的团队。看到一群人自发地形成一个团队，是一件很美妙的事。人们一起找出问题，一起动手解决。我们检查了损伤程度，进行了讨论，找出了可能的处理办法。其中一个人领头，分配了工作，每个人都在急匆匆地寻找链子和其他工具。

我看到这绝对不是一次简单的行动。卡车司机们跑来跑去，拉出各种长度的链子，又是量长度又是讨论。他们聚在一堆，围着一幅画着绳子和轮滑的图进行讨论，然后把图扔掉，重画了一幅。

与此同时，那个搭车客也在努力干活。他站在公路中间，指挥左右方向的车辆通过那条单行道。他先示意从左边来的一队车通过，然后挡住左边的车，示意从右边来的车通过。皮帽子和绿皮裤让他看上去绝对不像一名交通警察，但来往车辆都接受了他的指挥。

我在房车和卡车之间来回奔跑，为人们泡咖啡。我还做了一些三明治，但他们都太忙了，没有时间吃。

他们全神贯注地工作了一个半小时，把卡车排成行，准备最后的行动。领头人一声令下，紧密配合的三辆大卡车开始一起拉，终于安全地把双斗车拉了出来，大家欢呼雀跃。任务完成后，他们拍了拍对方的后背，然后跳上自己的卡车，轰隆隆地开走了。

我、卡车司机和搭车客三个人留在原地。卡车司机对这次顺利的营救感到很高兴，他立即把我的车重新发动起来。一个小时后，在他的废旧汽车回收站里，他给我装了一个新发电机。一个半小时后，我的卡车搭载着全新的发电机继续踏上了旅途。

这次经历给我非常棒的认知，我发现每个人在内心里都是英雄，他们只是在等待一个机会来展示英雄精神。当目标明确时，大家会欣然组成团队并全身心投入。当我们遇到困难时，一个帮助团队就诞生了。此外，人们会尽力去做，全心奉献，兴高采烈地贡献自己的英雄精神，这正是人类的本性。

你自己发现这点了吗？我们讲的故事里有很多这样的时刻，这些故事不仅仅关于某个特殊的人，而是与我们所有人都有关。我们都体验过团队协作，我们就是团队！我们就是英雄，就是奉献者，就是生活这场大游戏的参与者。我们已经在团队中！

思考生命的一个隐喻

为生命思考一个隐喻，这种方法让我们获得对生命本质的基本理解。一个强有力的隐喻体现出我们人生的目的感。只有当一个观念体现出相应的内在成长时，我们才能够充分理解这个观念。

当我们倾听一个隐喻故事时，我们了解到自己的内在都存在着什么。我们认真地思考自己和那个故事之间的相同之处，会发现内心的领会有多深刻！只有当我们将听到的故事带到内心去消化、去深思——运用我们自己都不清楚的精神结构（mental apparatus）去思考，只有这样，它才会在我们的内在存在。我们述说的关于自己个人经历的故事不过是小故事，而我们自己要比它们大得多。一方面是隐喻，另一方面是这个隐喻中蕴含的深刻问题。我们对它的思考，体现出我们如何肯定自己的经历。

我们的意识经常会被驱使着去寻找哪些事情在妨碍生存。这会让一个人进入消极思维中，消极会快速地制造更多的消极。这种消极思维的运作会让人进入一种受限于各种习惯的牢狱之中，这种人生主要沉浸在逆境和不幸之中，了无生趣、毫无生机。

当我们讲述自己的故事时，我们努力去展示自己行动中所蕴含的那个重要问题。我们的故事展现出一个具体的困境，代表某个人类担忧的重要方面。这个重要问题在故事中出现，涉及某个人的人生经历，而那个问题比表面看起来更深刻——超越了意识通常的注意范围。

我们故事中打开的那颗璀璨的珍珠是什么？蕴含在你的隐喻故事中的那颗"智慧之珠"体现出：要了解某个概念，我们必须要切实地将其运用到某个地方，或者用某种方式去运用它。通过这个故事，我们逐渐熟悉它与之前经历中已经形成的那些观念之间的微妙联系和层级关系，我们比自己认为的要了解的多得多。这个隐喻就像是我们培育的珍珠，会逐渐地在我们内心扎下根来，自然地成长起来，因为它所体现的是一个我们在内心深处已经了解的真相。

我们如何建立起百分百的承诺

承诺为发展提供了一个"漩涡"，因为承诺和欣赏一样，不是建立在任何有形的基础之上的。在故事中，描述建立起承诺的过程会给听众带来影响。例如，你可能会描述一个人在每天的行动中逐渐建立起承诺，而这会表达一个意思，简单地说就是：如果你百分百地承诺，就会获得百分百的成果。

不可思议的是，百分百地承诺事实上很简单！你可以在故事中描述一个简单做法的过程：详细地介绍改变是什么时候发生、如何发生的，体现出这一承诺在很大程度上意味着一贯而明确的宣告——对他人宣告也是对自己宣告。当我们拥有"提醒自己"的某个东西，能让我们记起自己的承诺，我们的内在信念就更强烈。

看到或听到别人百分百地承诺对我们起到的作用：

·我们学习超越小我，连接上带来最大动力的使命。

·我们学习超越情感层面，明确定义我们的关键原则。

·我们学习超越怀疑，处于最有活力的价值状态，之后将这些作为一种激励的方式宣布出来——尤其是爱、同情心和感恩。

·我们学习设定发展自己最强能力的意图，达成必要的卓越，以实现我们的愿景。

·我们学习宣告自己为实现个人的福祉而做出的承诺。

·我们学习宣告自己的一致性，以及要保持身心一致的这个决定。

·之后我们宣告我们的生命就是关于承诺的！

·我们在和他人的连接中采取一个温暖的教练位置，看到自己的生命、价值观和行动让每个人受益！

当我们宣告：无论什么时候我们违背了自己的宣言，都乐意重新来过，这时候百分百承诺就是简单的事，这时候我们也是在帮助其他人做到同样的事情。在你的故事中详细描述个人所实现的成长或成长的任何部分，会真正给听众带来信心，从而相信自己也会做到百分百地承诺。

这意味着采取一种完全宽恕自己的态度——这是很难做到的！如果你愿意在自己的故事中，讲述自己在完全宽恕自己方面所遇到的挑战，展示自己克服困难建立起承诺的过程，那么你的故事就能够激励听众去重新承诺，并做到自我宽恕。

我们能找到路吗

2000年,一个寒冷的下午,我在基辅完成了一个教练课程,准备前往拉脱维亚的里加,次日上午9点半我在那儿有一堂课。正要出发去机场,我被告知:由于飞机故障,我的航班被取消了!

乌克兰的主办方很快发现,没有其他去拉脱维亚的航班,也没有其他公共交通工具能让我及时抵达里加授课。里加的课程主办方简直要疯了,因为那儿有110位学生正翘首盼望一堂重要的课程。

有人告诉我,我或许可以连夜从基辅开车到里加。经过匆忙的讨论、长途电话、短途电话和里加主办方的恳求,我决定开8个小时的车去里加。

主办方见我这么着急,决定找一位可以把我及时送到里加的人。他们找到了奥列格,一位30多岁、身体粗壮、戴着眼镜的乌克兰人,他愿意开车送我去拉脱维亚。我看了看他的车子,那是一辆保养得很好的灰色货车。他向我展示了为长途旅行准备的备胎、两箱汽油、食物和毛毯。我们谈好了价钱,然后赶往白俄罗斯的相关机构办理过境签证,之后,我们3个人——司机、我和一位基辅的教练学员谢尔盖就出发了。

我们离开基辅的时间是晚上9点,寒冷的夜晚满天星光。根据地图,我们乐观地估计,至少要开8个小时的车。我们想"这是没问题的",奥列格笑着说:"这很容易。"有句话是,期待最好的结果,做最坏的打算。我个人喜欢把这句话反过来——一个人必须做最坏的打算,同时努力期待最好的结果。没有人能做到万无一失。我和谢尔盖开始视觉化想象这个旅程,因为乌克兰和白俄罗斯的路况往往充满不确定性。

启程的时候我们充满期待,整装待发。我们做好了准备,愿意开一整夜的车。当看到陡峭的山坡上蜿蜒的道路时,我们毫不退缩;当倾盆大雨夹着冰雹浇下来时,我们毫不退缩;当公路变成砾石小路,我们开上了周围几乎看不见车的高原地带时,我们毫不退缩;当雨夹雪变成大雪,大雪又变成了暴风雪时，我们毫不退缩；甚至当暴风雪漫天飞舞，已经根本看不见路了的时候，我们仍然毫不退缩。

司机沿着模糊的车印前进，每小时只能前进8公里。奥列格刚才一直滔滔不绝，现在却连一个字都不说了。他趴在方向盘上，脸凑到挡风玻璃前面，努力辨认前方的道路。就连雨刷器也不能及时清理挡风玻璃上的积雪。后来，前方的车印消失了，我们什么也看不到了。谢尔盖盯着窗外，告诉奥列格"路边"在哪里。我不会讲俄语，只能静静地坐在后排座位上。这时，车停了，我们似乎撞到了一堵雪墙上。足足有5分钟的时间，没有人说话，空气中清晰地弥漫着"放弃前进"这个词。我们还能以一小时8公里的速度前进吗？

"做最坏的打算，但期待最好的结果。"

突然，暴风雪变小了，接着雪停了。这场暴风雪是突然开始的，现在又突然结束了。我们可以模模糊糊地看见路了。积雪有20多厘米深。我们停下来一会儿，只是看看前面的路。我们还是看不清路边在哪里，也找不到可以跟随的车印。这时，空气中弥漫的问题是"我们能继续前进吗"？我们需要共同的勇气才能前进。

奥列格吹起了口哨，慢慢把车往前开。谢尔盖跟着曲调拍手，我也跟着他们打着拍子，然后开始哼唱。5分钟后，当车子再度以每小时8公里的速度前进时，我们已经合奏出了美妙的音乐。奥列格偶尔会停下车，谢尔盖会下车看看路边在哪里。我们慢慢加快了速度，以每小时8公里提到了每小时16公里，再提到了每小时24公里。

我们都很开心，我们的目标是彼此照应，一起享受到了当下简单的快乐。很快，我们开始大声唱歌，非常快乐，这消除了我们之前的恐惧。一个小时后，我们到了山下，路上的积雪已经被清理干净了，前面的道路再次变得开阔起来。

第二天早上我到了里加，觉得很累但很宽慰。对于夹道欢迎的学生们来说，我稍微迟到了一会儿。我感谢了奥列格，感谢他的驾驶技能、耐心和坚忍，也感谢他给我上了一场精彩的团队合作课。

生命中的同伴：一个小练习

生命是一场旅行——在这场旅行中，你将会有同伴，他们对你非常重要，帮助你发现生命的意义所在。

思考在你的个人旅程中，哪些人是你的关键同伴？

- 选择你生命中 10 个真正重要的参与者。
- 在脑海中看着他们，看着他们依次从你面前走过。
- 每个人经过时，对他进行感谢。
- 看到他们的美好、优点、智慧和勇气。
- 每个人经过时，你在心中对他说一两句话。
- 将他们作为能量聚集起来，在内心感受他们临在的能量。

现在，让自己的脑海中浮现出一个简单的故事——一个只对这些同伴有意义的故事！让这个故事在你脑海中自然生成。它无需是个好故事，甚至不需要是一个对的故事，不要试图去改变、编辑或解释这个故事。

在你的脑海中开始对他们讲述你的这个故事，让这个故事的基调唤起你和同伴们所共有的那个强大能量。让这个基调唤起深层的真相，唤起你和同伴们在生命的特殊时刻所体验的那份精彩的神秘。这个故事仿佛是一首歌，让它的音律唤起你对这些人的承诺。让你的故事承载着爱和温暖的深厚能量，你和他们一同在其中享受着！

现在，说出你的故事！不要错过这个时刻。至少找到这些人中的其中一位，将你的体会与他分享。

跨过围墙

有一次在塞浦路斯岛上，我和一个特殊任务团队，一起参加了一个为期三天的活动，他们当时在组织一个很难的项目。这个小组是三四天前刚组成的，还在"头脑风暴"决定谁来领导小组的阶段。他们接受了一个建造体育设施的任务，对面临的这个大任务有点焦虑，并且还在探讨具体实施的细节——有很多复杂的步骤。筹集资金是个大问题，他们在想办法解决财务挑战。这个团队由各种各样不同职业的人组成，包括多个工程师、多名管理者、一个城市规划师和一个建筑师。

下午，我们参观位于古老村落道路边上的古罗马城市，我们从帕福斯开了很长时间才到达，却发现正面大门是关着的。我们注意到3公里远的地方有开着的门，但是距离我们所在的道路有点远。天气很热，没有人愿意绕着围墙走3公里去另一个大门。我们站在那儿讨论，很失望我们的外出计划中止了。

这时，一个工程师发现，围墙上有个地方他可以翻过去。他是个运动健将，想办法爬到了围墙里，以为能打开大门。实际上，他不能，现在他在里边，我们在外边。

他想帮助我们9个都像他那样爬过去。然后10个人手脚并用，说笑着开始攀爬，像恶作剧一样。我们年龄都不一样，有的还穿着裙子，所以团队需要给每个人制定个性方案。我们研究谁第一个过去，大家欢呼着彼此鼓励，通过运用每个人的力量和技能，我们逐渐研究出了全部过去的方案。我们9个都不是运动员，但是我们的队长持续不断地鼓励我们，他关心每个人，一步一步地，跟着他爬上来翻过去。围墙上有带刺的铁线防护，你能想象这个场景吗？

在彼此的帮助下，我们都翻过了围墙。我们像一个团队那样齐心协力来保护每个人衣服不被铁丝划破。我们每个人都帮助他人安全地爬上爬下。

每当一个人翻墙成功后，我们都欢呼庆贺。一个接一个地，我们全部翻过了围墙。

那天，我们组成了"翻越围墙团队"，那一刻，我们有了一个身份和一项纪录：我们是一个能帮助彼此并且一起欢笑的团队！我们是围墙攀爬者，因此，当需要我们时，我们也可以在其他的艰巨任务中取得胜利。在采取行动的那一刻，团队找到了它真正的身份！

人类这个团队——翻过围墙

在当今世界中，被称作人类的这个大团队被挡在围墙的那一边一筹莫展。围墙代表我们应对共同挑战的能力。人类这个团队需要温暖、幽默，需要大家愿意一起去寻找独一无二的方法，让所有人都翻过围墙。这个围墙是多重的：

- 物质层面的（以行星为单位）
- 关系方面的（国际协议）
- 创造性方面的（教育和共有资源的分享）
- 意愿方面的（找到最佳选择的意愿）

一个被称作"在失败中前行"的故事

如果某件事是值得做的，那么一开始就值得我们拼命去做。我们常常需要一次次地尝试，这是很自然的。我们需要愿意去犯错——可能一次、两次、不管错了多少次，我们通过这种方法学习一次次地恢复自己的承诺，而不带有任何自我挫败感。"在失败中前行"意味着原谅自己犯的错误，第一次我们可能做不好，但总是可以从头再来。

温斯顿·丘吉尔曾经说："成功就是一次次失败后仍然不失热情。"对于所有人而言都是如此。发展总是在不断尝试的过程当中，无论要明确下一步怎么做、需要经历多少次的努力，但从来没有哪一个愿景是实现不了的！只要我们被全体人类的愿景和努力激励着继续向前进，我们就在发展自己前进的能力！

第十一章
友谊和爱

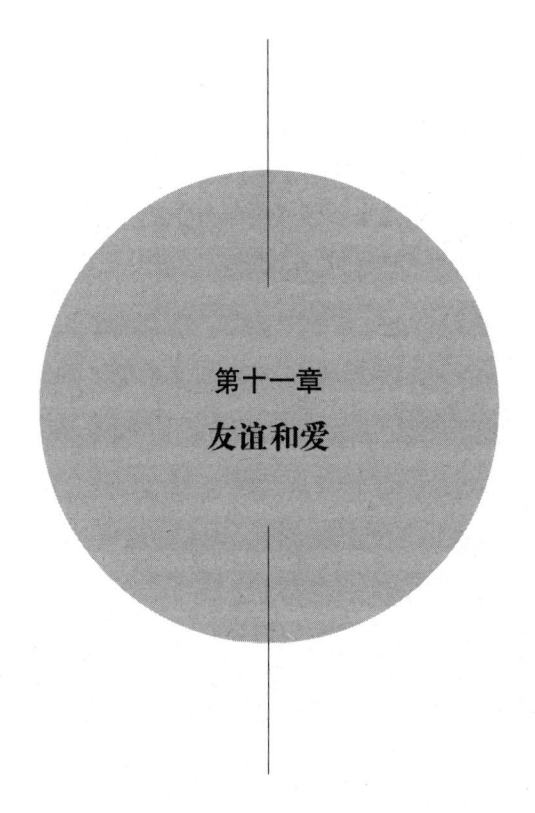

当那如镜花水月般虚幻的自我臣服于虚空，
什么都不剩，只有那神圣、神圣、神圣！

——鲁米

将人们与深层原则联系起来

你在讲故事的时候,可以使用隐喻将人们与那些会自然而然拓展意识的深层原则联系起来。我们迈入原则之中,就好像踏入鞋中,起步朝着我们的目的走去。在讲故事的过程中,用你的语调来着重强调这些原则,原则是一种重新连接上内在目的的强有力方式!

用你的故事在人们的负面态度上凿出洞来!比如,如果他们认为自己不会有人爱,那么向他们展示爱是如何生机勃勃,帮助他们把那些陈旧的信念像破布一样丢掉。之后,将他们与一条体现爱是无往而不胜的强大原则联系起来:爱就是去寻找!我们总是会重新找到爱!

如果有人相信自己因早年生命中发生的事情而受创,那就描述一个故事,故事中的主人公有一个艰辛的童年,现在的人生却非常棒!在故事的末尾你可以加上关键的一句:我们总是可以建立起一份非常棒的关系!

你可以通过自己讲述的故事,来鼓励一个人或一个团体来"试验"一些显而易见的原则。你所传达的这些原则,应该是听众和故事主人公在故事的情节发展中所发现的、在故事中自然浮现出来的。

要发展一个故事,描述一个由转化性原则发展出转化性能力的图景。可能的话,重复一些强烈的描述性词语来描述一连串发生的事情,就像是一场电影或是一个动作片。当故事中有了丰富的细节内容,多个感知位置会让你的原则活起来!扩展到未来会很自然地带来强有力的重新承诺。

例如,你可以创建什么样的故事来表达下面两个观点:

- 当你大声地说出并捍卫自己的承诺,人们会尊重你。
- 你可以在敞开自己去接纳他人的同时,仍然保持自己的力量。

隐喻可以建立起内在的原则,就好像是种子在适宜的土壤中一样,这些原则会立刻开始在人的生命中成长起来!呈现在你愿景中的那种可能性,随着种子找到肥沃土壤而开始了真正的探索。这让听众感到有了新的能量，他们对生命的好奇心会像新的树根一样，发芽开花，而这会让他们发展出高度专注于自己人生目标所必需的特质和精湛能力。

埃斯雷夫，盲人画家……流动的视觉

教练的目的在于提升洞察力，不管是逐渐发展的还是一瞬间的顿悟。内在的愿景可以让我们看到思维的火花，跟随一个光明的指导计划，并向着闪光的未来前进。

注意上述段落中的词语。在所有的语言中，有关光明和愿景的词汇主导一切灵感。当我们看到视觉化的力量照亮通向真实灵感的道路时，内在世界便开始在我们面前打开。"洞察"有着深刻的含义。

真实的视觉需要我们超越眼前的知觉，或过去和未来的想法。它是无限的。有越来越多的证据表明，内在的视野并不取决于身体的眼睛，心智是视觉的载体，是真实视觉的来源。

我最近看了一个关于艾斯雷夫的视频，他是土耳其安卡拉市的公民，他没有眼睛。他一生失明，画了很多惊人的图画。他匠心独运地应用颜色和角度，用双手和强烈的"看"的意愿去观察，创造了美。从他的思想里流淌的是清晰的美丽的梦想，可以叫做"内在愿景"的愿景。他对周围的人的教导和要求就是：你要知道，你也能找到自己的内在愿景！

当他创作时，脸上洋溢着喜悦。他能真正体会到如何去塑造一个梦境，然后他将这种体会精确地付诸笔端。当我看到他用颜色绘画时，我想到了海伦·凯勒的话："人们同情我不能看或听。但我觉得更糟的是一个人没有愿景！"找到你自己的内在愿景并发展它！

埃斯雷夫的画非同寻常，他潜心致力于将自己真正的天赋奉献给世界，这更让人惊叹。看到他的作品能让我们反思人类巨大的潜能，这种潜能通过拓展愿景来打开内在转化意识。

作为成果导向教练，这个证据意味着什么？对我来说，这是一个提示，它提醒我们，被教练的每个人在任何时间都有觉醒的可能；提醒我们每个人，不要对任何一个人持有负面的结论。相反，要注意去提升他们的洞察力……以及如何帮助他们。用米尔顿的话说："所有人都是 OK 的，他们拥有所需要的一切资源。"当我们教练人们时，他们可以找到自己的洞察力。找到你自己的内在愿景并发展它！

用原则和警句来创造

用你的隐喻来说明或展示某个具体的指导原则。如果你一次只用一个故事来表达一个原则，那么更易于使听众与这个原则产生共鸣，从而就能够真正地去思考它。

一些基本观点如"建立起清晰的界限"或"原谅是最好的办法"是你可以激活和发展的简单指导原则，让听众去了解其中蕴含的深层本质含义。我们协助听众去思考、去观察他们自己的具体情况，他们会从其他的角度来重新考量自己的念头和惯常的信念，会认识到自己正在成长、正在超越那些旧有的观念，会注意到自己焕然一新。他们认识到："我不仅仅是头脑中思考的那些内容！"

要发展故事，一个非常棒的方法就是从你的原则开始。选择你想通过故事达成的目的，或者是涉及的意义，强调那句体现出原则的话——你要表达的主要意思或警句。

现在就可以做一个试验：想出一个你想要宣扬的原则，放空你的头脑，等待一个支持这个原则的故事浮现出来。只要你提出要求，它就会来到！

启发性问题激发我们探索

你也总是可以在你讲述的隐喻中，提出启发性的问题。要说明一个特别抽象的观点，提这样一个问题可以让听众理解观点的含义。这可以是一个用来激发进一步思考的开放式问题。

启发性问题的例子：

- 你怎么知道自己是不是获得了一个真正的结果？
- 如今爱在哪里等你？
- 即使是在这种情况下，我将如何找到下一步该怎么做？

就像教练中的"假如"框架一样，当你在其他几处再次提出这个问题，获得的效果最好。在故事中至少要提三次，至少要重复你的指导性提问或指导原则三次，从而产生出持久的力量。

在成果导向的沟通中，我们朝着一个积极目的前进，激发起全盘改变（holistic renewal）的图景。我们在发展愿景！我们的大脑是为视觉想象而设计，积极的愿景从来不会被拒绝。有了原则、提问、愿景，我们的故事就成为具有强大激发作用的图景。

有了这个隐喻式的图景和感觉，我们也可以唤起能量。任何一位物理学家都会告诉你，整个宇宙——所有的空间、时间和物质——都只是纯粹的能量。我们人类是强大的能量制造者！这意味着你的故事需要唤起积极的情感来产生自我信任的能量。

为了实现有效的整合性学习，我们至少需要三次以强调的语气提到这个主题，或者口头描述它，从而突出一个关键的概念，使它得以铭记在头脑中。你的故事及其深层原则也是如此！

用激发人们想象力的方式来唤起图景，有力地、以强调的语气说出来！并与愿景联系起来。记住要在故事中的三个关键点提及那些原则，从而加强他们所激发的共鸣。

信任你的愿景，信任它打开的方式，去感受你的深层原则。当这些原则浮现出来，有力地将它们表达出来！一次又一次地说出来，每次都去尽情享受它们。感受着你在讲述故事的时候所散发出来的能量！你的宣言也总是为了你自己、为了你要激励的那些人发出来的。

雅各布的梯子的故事：更新你的能量

"雅各布的梯子"的故事是个强大的基督教神话。它涉及《圣经》里的人物，雅各布和他梦想的一个巨大的梯子，这个梯子能延伸到天堂，它上面有上升和下降的天使们。当你想象的时候，你看到了什么？

梯子代表了有关自我发展的一些基本原则，这些原则对我们每个人都适用。这个观点可以由一系列的发现来说明。第一个发现是每个人都能自己攀登一会儿，但是如果人们仅仅是为了自己，能量会消失。这意味着很多人会停止攀登，发现自己悬挂在半空。帮助他人并找到你自己的生命能量！

能够继续攀登的人发现了一个关键法则：当你把某人带到你所在的梯级时，你就能攀登到更高的一级。帮助他人，你的激励能量使你继续攀登下去。帮助他人并找到你自己的生命能量！

最后一个法则是祝福和谅解会让你的能量释放。原谅某人你就可以继续攀登！尊重他们的尝试，你就能攀登得更远。怀着慈悲的心态来祝福他人，你就会找到巨大的能量。

我们都在攀登雅各布的梯子！如果我们热情地帮助同伴，攀登就变得很容易。帮助他人并找到你自己的生命能量！

换句话说，当你把别人带到你所达到的层次时，你就会到达更高的层次，并伴随自我的内在成长。你只有在帮助、启迪别人的时候，自己才能受到启迪。帮助他人并找到你自己的生命能量！

米尔顿·埃里克森的原则

米尔顿·埃里克森是一位伟大的美国精神病学家，是他奠定了成果导向方法论的基础。在他整个职业生涯中，他还是一位伟大的故事大王。他用自己的故事来治愈他人，展示出一条转化式隐喻的道路，给后人提供了非常棒的范例。

米尔顿·埃里克森在他的故事中强调一些基本的原则。他强调人们总是拥有资源来发展自己。换句话说，人总是可以从之前黑色的负面情感体系中走出来，进入自我觉察的光明之中。他故事中的人物能够充分获得实现自我成长所需要的内在资源，在任何时候都可以改变。

他还强调对他人同情心的巨大作用和价值。他指出，无论在什么情况下，每个人都做出了他们能做到的最大努力，通常都愿意在通向实现目标的梯子上更上一层。教练的角色就是帮助客户熟悉自己最大范围的能力，唤起客户价值观的强大力量。

正如米尔顿·埃里克森所说：永远别绝望，改变是不可避免的！下面的故事源自米尔顿，体现出他是如何将这些原则付诸行动的。

米尔顿和乔治的"沙拉语"

米尔顿·埃里克森年轻时是精神科医生，在精神病医院工作。他曾描述过自己和一位名叫乔治的病人之间的互动。乔治说话就像"沙拉语"，这是一种混合着各种短语、名称和动词，毫无章法的语言。米尔顿上班的第一天就看到了乔治，当时他负责纽约州伍斯特州立精神病院后部的病房。那是20世纪20年代后半期，乔治是五年前被人从僻静的街道捡回来的，当时他在毫无目的地四处游荡。没人知道他的姓，也不知道他的任何背景，因为他只是说些"沙拉语"，只有他的名字"乔治"作为身份识别。

米尔顿第一次见到乔治时吃了一惊。他巡视病房时，正无精打采坐在长凳上的乔治突然跳起来，向米尔顿跑来，用激动万分的语调说了长达两分钟的"沙拉语"。护士们解释说他只有在新面孔走进病房的时候才会说这么多。

米尔顿饶有兴味地听着，然后又叫来女秘书一起听。他的秘书擅长速记，在米尔顿第二次听乔治讲话时，秘书记下乔治的"话"。之后米尔顿花了数周时间研究出自己的"沙拉语"，秘密练习。他有了一个目标，为了实现这个目标，他需要投入其中，勤加练习。深层连接需要付出！

终于，米尔顿准备好了，他又走进了乔治的病房。乔治跳起来走上前，用兴奋的"沙拉语"说了三句话。米尔顿用同样充满热情的三个由"沙拉语"组成的句子来回应。乔治看起来惊呆了，他走到长凳前面，坐下，好奇地看着米尔顿。米尔顿也坐下来，等着。

经过10分钟的思考，乔治站了起来，在米尔顿旁边抑扬顿挫地用"沙拉语"说了起来，配合着米尔顿刚才讲话语调的高低起伏，听上去是成系统的，就好像他在讲一个很有条理的故事，他足足说了10分钟。说完后乔治坐了下来。深层连接需要付出！

于是米尔顿站起来，用系统的、理性的"沙拉语"抑扬顿挫地配合着乔治，说了10分钟，然后也在长凳上坐下来。15分钟后，新的一轮开始了：乔治站起来，这次他说话时用了很多手势，声音充满了激情，用"沙拉语"足足说了半个小时。听起来他是在告诉米尔顿他对生活的真正感受。因为加入了自己的感受，乔治的"沙拉语"时而伤感、时而愤怒、时而兴奋。米尔顿仔细地聆听着乔治所有的表达，轮到自己的时候，他说了同样长的时间。就像交响乐团重演一样，米尔顿在声音中加入了乔治的所有情绪。说完以后，米尔顿坐下来。这时，平静坐在长凳上的乔治睁大眼睛，使劲点头。米尔顿能够察觉到乔治已经被打动，而且放松下来。至此，他们建立了有效的亲和感。

"好好说话，医生。"乔治说。

"我会的，"米尔顿回答，"告诉我，你姓什么？"

乔治说了两句沙拉语，然后说了他的姓。米尔顿也回之以两句沙拉语，然后问:"你从哪里来?"

不到半个小时,米尔顿就搞清楚了乔治的故事。接下来的几个月,乔治变了个样,刚开始他只跟米尔顿说话,逐渐的,在接下来的几个星期、几个月中,他跟其他人的交流也越来越能被人理解了。他开始用合理的方式讲话,并为护士们帮一些小忙。很快,他就开始在病房外面的场地工作了。

米尔顿了解到乔治的家人都去世了,留了个小农场给他。大约在米尔顿跟他谈话的11个月之后,乔治就能够回农场了。他在那里度过了余生。40年里,乔治保持着和米尔顿的联系,每年一张明信片。信的内容好像密码一样:"今冬谷仓加盖了新屋顶。"或者"15只小羊羔长得都很好。"然后签上名字:乔治。最后用两句沙拉语结尾,完成整张明信片。

聆听意味着什么?我们是仅仅去听别人说出的话,还是我们能去听别人的心声?和别人交谈意味着什么?我们是只能说出合理的想法,还是我们能说出自己最深层的意识?只有我们自己能决定与他人关系的开始和发展的深度!深层的连接需要付出!

通过仪式

米尔顿·埃里克森的一些伟大隐喻主题中包含"通过仪式"。在他的隐喻故事中,他常常生动地描述一个处于危机中的人,是如何突破过去的所有障碍,进入成长阶段的。由此来展示这个人在发展过程中获得的领悟。作为一个讲故事的人,我也遵循这个做法,从我自己的"通过仪式"中发现了一些关键时刻。

例如,我的"泰迪熊野餐"的故事就是关于通过仪式的——展示出冒险能力。

以通过仪式为主题的故事描述了人们开始做新事情的过程,即使他们还没有准备好,也开始进行尝试。因此,人们对这种主题的故事非常感兴趣。当我们真正地来思考一下自己的经历,会发现"没有准备好"是人们通常对自己说的话，要马上进入下一个层面的意识，人们从来都不会感觉自己准备好了，因为他们还不清楚他们自己是否有足够的能力进入下一步。而这些故事就非常有价值，所起的作用就是稍稍推动一下，刺激他们去采取行动。

你也可以用笑话来体现人们是怎样敢于向前发展的。比如，有时候我会引述一个男人卖车的故事，他的广告是这样写的："几乎全新的奔驰车，只在一场身份危机发生期间开了六周的时间。"我们也可以问自己这样的问题：当我回过头去，会从自己更早的阶段学习到什么？我们需要庆祝自己从一个过去的阶段走出来，进入一个新阶段的勇气。这本书中的很多故事都是旨在鼓励人们发扬这种韧性。

这些隐喻主题中的重要组成部分，是指出了那个让向前发展得以发生的"关键思维转变"的发生。你描述了故事主人公放弃了一个负面的老习惯，正在进入全新的生命中。在你详细讲述这个故事的时候，你的听众会留意到他们自己的通过仪式。你的故事体现出了对比，就创造出了改变。例如，你详细描述主人公不同阶段的不同状态：早期阶段、对于一个目标模糊地感觉有可能实现、接下来进入必要的程序思考，这之后发展出切实的步骤，让那个目标真正产生出成果。这时候，你的听众自己就有了区分，了解到自己正处于哪个步骤。

在你讲述故事时，你可以通过改变语音语调来突出故事主人公在内心来回挣扎时其两种关键意识阶段之间的差别。目的在于体现出在"郁闷的冬天"之后迎接"复活的春天"。你说的这个故事，描述这个人是如何完成这个过渡、向前发展的。

赶飞机："同步性"的奇迹

我们都喝过他人井里的水。

"同步性"的思维是宇宙设计的一个奇妙系统，它吸引了我们的注意力，让我们关注这一刻，突显出这一刻包含的丰富的经验、热心、爱、感恩和非常棒的人们。我们刺穿愤世嫉俗的气球，升起代表人类英雄品质的旗帜，并意识到我们生活在一个真实、美丽、幽默、善良的世界里！

一种强有力地打开我们心扉的情况，就是我们遇到困难时与陌生人建立的英雄般的"友谊账户"。我认识的每个人都能说出几次这种经历，你呢？困难时刻陌生人的帮助，足够让我们一生充满喜悦。我们都会深深记住那些在我们最需要帮助时得到热心帮助的事件。恰好朋友及时到来！

我一辈子都会感谢一位家庭主妇。一次在墨西哥中部，华氏120度的高温下，我们的车坏了，我、我丈夫和我的家人被困住了。她走出房子，问我们的情况，然后邀请我们进屋，用冷饮和小吃招待我们，并给我们3岁的孩子找玩具玩。

我当时怀孕了，早晨呕吐很严重，她的帮助来得正好。突然，我由于一个陌生人的热情接待，精神好起来，内心充满了令人信服的爱和关怀。恰好及时！

机场是另一个能出现同步性的地方！经常出差，每周都要赶飞机，经常是像英勇的部队一样努力。一天早上，在新加坡没找到正确的候机楼，一个非常好的小出租车司机抢过我的三个大箱子，拖着它们经过层层障碍，装进了出租车的后备厢。得知我的航班要晚点，他像冲刺冠军一样，疾驰几公里，快速掉头和转向，最终把我送到正确机场的正确大门口。恰好及时！

还有一次，我的丈夫劳伦斯和我完全迷失在巨大而又复杂的丹佛机场里。一个友好的姑娘看到我们的窘迫情况后，牺牲午饭时间，把我们带到了正确的候机室，我们恰好赶上了飞机！

还有一回，在早间高峰期，我经过漫长的车程到了莫斯科后，发现我要去的机场在城市的另一边。解决办法非常艰难：在高峰期间坐地铁穿越莫斯科！几个朋友和我站在一起，胳膊挨着胳膊，在拥挤的地铁里帮我拿着大行李箱，又帮我拖着行李箱上下地铁楼梯。这样，我们从莫斯科的一端飞奔到另一端，我又一次赶上了飞机。恰好朋友及时到来！

这个世界做了什么会让你停下来感恩？一次伟大的教练体验、一次友好的网上交流、联系一个许久不见的朋友，或者外出回来看到你爱的人？让感恩带你穿过心灵的黑暗冬天，恰好及时地敞开心扉！

超越情绪，爱在扩展

爱，是一种价值，它不是情绪。情绪会起起伏伏，而爱是稳定的。爱是真正的奉献，是坚定承诺和喜悦意识的表达。换句话说，爱，是一种价值——指的是发现爱的过程，无论在哪种情况下都是如此。

在某种程度上，这和"坠入爱河"差不多。爱就是一种不带任何的期待去分享所知、分享能量、分享彼此真实情况的持续能力，它是一种可实现的价值。当我们"坠入爱河"，我们体验到那份觉察、临在和生命智慧。

有很多种方法在一个故事中描述爱。我们可以展示出那种不受时间影响、不疾不徐地爱护着另外一个人，深深地珍惜在一起的每一刻的场景。

我们的故事可以体现出在一段时间之内，一个人是如何感到自己在缩小，与此同时爱的能量也在缩小，而自我认同带着期待大声疾呼！不过如果我们任其缩小，那么隐藏其中的生命能量的空间和力量就会浮现出来，下一刻我们总是会感到快乐和爱。我们不再紧紧抓住，而是发现我们心灵之间的连接，真正的价值进入我们的觉察之中，随着我们的全心投入，内心深处爱的能力、奉献的能力就会浮现出来。我们的故事可以展现这一过程的发生。

我们可以通过转化式的隐喻，学着去了解我们内在世界中各个"关闭的房间"，于是我们不再在其中徘徊，而是急忙走出来，跨过内心的界限，迈向真正的自我发现。当拥有了足够多的信息，当觉知到更大的模式或关系，觉知会自然而然地发生变化！我们再次看到、听到——什么是值得我们去爱的。伟大的隐喻可以如此强烈地激发起这一切，这是多么美妙的事情啊！

当一个隐喻展示出人们内心深处的活动，发现了通向重新来过的大门，于是他们获得了自由，这时候这个隐喻就具备了转化力。在寻找爱的源头的过程中，人们听着那个故事，鼓足勇气，穿越狭隘的自我认同，进入更广阔的生命意识中——这种顿悟的来临，就像一个电灯泡亮了一样！那一瞬间的自我发现打开了我们的意识，我们了解到自我发现是生命的真正目的。

当你的故事展现出人们是如何越过以前的障碍、前往更深层的价值所在，你的故事就成为门锁上的那把钥匙。我们需要坠入爱河——每天！而你的故事正如一个配方，重新创造出有效的原则。

如果什么让你越来越小，那就跨过去。

当你陷在情绪之中，那就什么也别做。等待，等待再次从中走出来。

找到你宽恕的勇气。

找到让爱更深沉的勇气。

妈妈咪呀和鲁米

你看过几年前的音乐电影"妈妈咪呀"吗？那是个热闹、欢乐，又有点搞笑的电影。几年前，我在飞往加拿大的一个航班上看过。这个电影从各个角度看都是个可笑的电影，但是只要你把这个关于爱、人们的恐惧和缺点的故事，翻译成有关爱的通用隐喻时，就会找到很多亮点。我最喜欢的部分是这电影中的一首歌，歌名叫"给我一次机会"，伟大的心灵诗人鲁米应该很喜欢这句话。

在这首歌里，你能听到对勇气的呼唤。一个老处女碰上了一个大龄单身汉，他们一起尝试走出私人狭小的孤单习惯，来探索更高生活标准的可能。她鼓励他，也鼓励自己，打败所有恐惧，走进真爱的世界。

这首歌会在你脑海里，自然地回响好几周，因为我们的内在意识系统真正懂得这个隐喻。我们脑海中都有很多旧的限制，存在多年的恐惧或者不安。现在是时候打破旧的自我怜悯的陷阱，走进真正自由的区域了。

我们的社会面临着各种各样的价值观挑战，或者其他信仰上的危机。这首歌在召唤我们的勇气。

第十一章 友谊和爱 | 143

我们所有人都需要倾听内在的挑战，抬起眼迎接爱的召唤。过去一年里，我看到过多少有关克服和安抚恐惧的教练文章，它们又来自多少教练学校？

同时，真正的召唤，地球母亲的召唤和世界游戏的召唤，是一个觉醒性的召唤！"给我一次机会！"我们会把自己的心奉献给真正重要的事情吗？

- 以真爱的名义，我们愿意走出什么样的舒适区？
- 我们愿意给我们的孩子和他们的未来什么样的礼物和遗产？

这首歌叫"给我一次机会"！在生命的此刻，爱，想从你这儿得到什么？这是一次创造世界游戏的机会！

- 现在我们的星球挤满七十多亿人，我们需要多大胆？
- 现在，当很多人为工作奔波而收入水平降低产生恐惧时，或者文化、环境面临挑战时，我们需要什么样的愿景？

那么，我的朋友，我邀请你并向你发起挑战，真正地将参加世界游戏作为一次实践真正领导力的机会。给自己一次机会让愿景自由飞翔！给自己的勇气一次机会，用你自己的创造性工作来肯定生活。

你想用你狂野和宝贵的生命来做什么？不要惧怕梦想！你怎样来找到让心灵自由的机会？为了拓展你的内在自由，你能牺牲什么样的舒适区？

走出受害者认同，遇见心的信息。

你愿意有什么样的机会来让你的声音自由？由于担心打扰别人，作为教练你搁置了哪些技巧？不要害怕冲突！贡献你拥有的一切！

古老的地球母亲将最好的给予了我们。生命充满各种神奇的机会。什么样的世界游戏目标可以真正照亮你的内在愿景？

如果有机会，你真正想做的是什么？

全力以赴吧！让你的世界游戏愿景成为你永远跟随的路径。给你的愿景插上翅膀，以便你无忧无惧地朝着内在生命的召唤飞翔。鲁米有这样的诗句："即使你已经打破了自己的诺言一千次，来吧，再来一次，来吧，来吧！"把爱的目标当成你的目标，再给自己一次机会！

什么样的原则具有转化力

通过进行简单的思维转化，帮助人们找到他们自己的根本原则——表达一个深层目的的原则。你想给人们展示探索什么样的原则？

在这本书的故事中，你看到那些人了解到自己重要的价值观，发展与内在原则的连接。对你自己的故事而言，要找到那些有关学习和发展的图景，激发出内在问题和进一步自我探索。留意这本书中的例子，我们探索的原则是关于：

- 平衡（卡尔·沃伦达）
- 同情心（特蕾莎修女）
- 宽恕（圣雄甘地）
- 探索真相（隐士）
- 勇气（渡河）
- 教练位置（同林和尚）
- 压倒一切的目的（大卫·瑞格莫）

创建一个体现强烈价值的隐喻。给你的听众描述一个清晰的图景，展示出他们可以如何深度地参与生活，事情怎样才会发生真正的改变。

特蕾莎修女的准则

特蕾莎修女信奉的那些著名原则常常被称为特蕾莎修女的人生信条，在很多地方被引用，其创作者是肯特·基思（Kent Keith）。这些层层递进的原则是警句的绝佳例子！

不管怎样都要做

人们经常是不讲道理的、没有逻辑的和以自我为中心的。

不管怎样，你要原谅他们。

即使你是友善的，人们可能还是会说你自私和动机不良。

不管怎样，你还是要友善。

当你功成名就，你会有一些虚假的朋友和一些真正的敌人。

不管怎样，你还是要取得成功。

即使你是诚实的和直率的，人们可能还是会欺骗你。

不管怎样，你还是要诚实和直率。

你多年来营造的东西，有人在一夜之间把它摧毁。

不管怎样，你还是要去营造。

如果你找到了平静和幸福，他们可能会嫉妒你。

不管怎样，你还是要快乐。

你今天做的善事，人们往往明天就会忘记。

不管怎样，你还是要做善事。

即使把你最好的东西给了这个世界，也许这些东西永远都不够。

不管怎样，把你最好的东西给这个世界。

你看，说到底，它是你和上帝之间的事。

而绝不是你和他人之间的事。

——肯特·基思

创造临在（Presence）

你可以用你的隐喻来创造临在。当你创造出临在时，你的故事变得很有力量。

描述价值会打开我们的觉察，意识到那投入性的内在真相，引出一个成果——或许是一条体现自我觉察和真相觉察的原则，展示出这个内在体验：故事中的主人公是如何意识到自己有一个选择，或者正在前往那个选择所指向的方向。

如果你的听众陷在过去走不出来，你的故事将会把他们带到"当下意识"中。通过你所描述的图景，你可以将他们带入一个临在的转化性时刻（现在时），进入一步步展开的未来中。在每个故事中，你描述从旧的故事情节中转变到新体验的过程，从而创造了一个转化性的改变。

要描述一个转变的发生，常常最开始是描述原有的信念，以此作为背景，"玛丽和电击治疗"就是一个这样的例子。描述那个老信念，以及与此信念相关的感觉。留意听众在听故事时通常会有什么样的身体体验——当听众体验着那个信念时，在他们身上发生了什么？留意听众在进行自我参照、伴随这种体验发生时，他们的思考中有何困惑？之后，描述在故事中那种困惑会如何打开和改变局面。在"米尔顿与乔治"的故事中，我们看到米尔顿·埃里克森在他的准备阶段做了这些，他与乔治在马萨诸塞州的伍斯特州立精神病院后部病区的病房中待了一上午。他设身处地地站在乔治的角度来思考，根据乔治所习惯的旧信念，制定出他的计划。

一开始可以简单地描述一个过去的事件或旧习惯，将其作为人生旅程中的一个片段，以此来开场。比如："有时候人们对生活的体验就仿佛他们被卡住了。"之后与描述能够打开生命转化之门的其他价值观、态度和生活经历进行对比，目的是详细描述故事的背景，以及故事进展过程中的那些形状、声音和意识转变之后的核心价值观，转而去描述那扩展的临在、内在自由，以及体现出觉察大大提高的参与内在生活、外在生活的能力。

详细描述转变的潜力，将其描述成是容易实现的事情。描述那转变后的画面——通过身体扩展的意识，以及发展出来的内在价值观，听众此时正在连接这一价值观。介绍这个转化的愿景是如何带来这一切的，现在他们有了另一种方式去体验人生的所有方面，让这变成长期行为——是他们将会保持下去、继续发展的东西。

隐士汤米的故事

　　穿行在高高的树形仙人掌、巨大的圆石和崎岖的山峰之间，沿着蜿蜒的小径翻山越岭，从开阔地一直深入到陡峻的峡谷之中，我背着一只小背包、一个大水袋和一副翻旧的地图，在北美洲内华达乡村的山脉里，在与世隔绝而又令人惊叹的荒野中过了三天。已经有两天没见到其他人了，又到了找营地的时间了，我要在野外过第三夜。我拐进一条曲折崎岖的小道，向800多米外的一片长满树的山脚前进。

　　一进入这片地方，我惊讶地看到大大的白色圆石整齐排列在道路的两旁。穿过一片树林，我走进了一个布置得井井有条的营地，几顶帐篷，还有火堆，仿佛到了什么人家里。

　　一个非常矮小的男人向我走来，他眼睛大大的，笑容温暖，胡子花白，只有小矮人那么高。他从长长的灰发间仰头看向我。"汤米是我的名字！"他伸出手。

　　我多少被他的仪态震惊了，更别说他的个头和外貌了。我像约见一样介绍了自己。他选择将我的出现当作快乐的惊喜："你是我十年来接待的头一位客人。"他宣布，"要跟我一起用晚餐吗？"

　　荒野深处，两个彼此感到相当意外的人坐在火堆旁，吃着豆子，喝着咖啡，很高兴见到对方，这事太令人惊讶了。我放松下来，听着汤米的故事。他说自己15年来都在搜寻失落的荷兰人金矿。"看到山上那些洞了吗？"他对自己的成果非常自豪，"还没找到失落的荷兰人金矿，但是我会找到的。挖这片地方就对了！"

　　他很健谈，并没有问多少关于我的事，而是一个接一个地讲故事。他给我看他手抄的《圣经》的诗篇，大大的1.27厘米的字体，这是给他在路易斯安那的母亲抄写的，她快瞎了。

　　"她要依靠我寄去的手抄本，才能读《圣经》里的诗篇，"汤米说，"她还资助我探险。她每两个月给我寄张支票，我出去挖宝，给她寄一些诗。我找到金子的时候，她就能幸福地退休了。"

汤米的话让我困惑，但是我还是接受了。他的任务和他给自己的角色，看起来完全合理，他独居的生活有着真正的作用。我想："每个人在世上都有其专属的地方，我只是碰到了一个很怪的人而已！"

我现在知道了他的事，很快他也知道了我的事：到野地旅行，这是一次短暂的"了解自己，了解这片土地，了解真正的寂静"的不眠之旅。这也让他困惑，但他也接受了。很显然，我对他来说也是个怪人。

画面是这样的：两个怪人在一起谈话，挺满意有机会一起庆祝生而为人这件事。彼此对对方的奇怪之处都以礼相待。星光璀璨的夜里，他们坐在荒野之上，一团营火，两个人，一锅豆子。彼此聆听着，带着各自完全不同的世界观模式。

其实没有多少可说的，不过我们找到了一种方式交流。汤米告诉我那些鸟儿、昆虫和蜥蜴的事，我听着，问他那些轻声咕咕叫的温顺的鸽子是怎么回事，它们落在他头上。"我的朋友。"他说。

我说到自己对大山的热爱，他就表现出喜悦。我听着他自豪地讲述鸟儿，讲述自己荒野中的家园。我尊敬他的精神和机智，邻居可以在任何地方都和睦相处。

我告诉他，有几个晚上，我听到丛林里野狼在矮树丛中叫唤时的恐惧。他说我的回程一定会安全的。我放松地听他说旅行的窍门，感受他友好的语气。

我们谈论着高山地区能看到的令人惊奇的繁星。"是啊！"他还说，"上帝一定就在这儿。"我点头称是。我们同时注意到完整性，分享了美的感受，并彼此祝福。

我钻进睡袋，确信这个古怪的陌生人是安全的，他是朋友。他回到自己的营房，有个真正的朋友到访过。我不再把他看作隐士，而是一位朋友，是我们这个大家庭的一名成员。我开始设想全世界的人都是朋友，无论是多奇怪的邂逅，只要需要，就付出基本的帮助并给予温暖，人们就会帮助彼此重建对自我的信心。

次日早晨，我往回走了，以后再也没回去过。汤米留在我的脑海中，直至今日。这段经历给了我一个关于人类友谊的本质的视角，是我以前从没有想过的——没有什么隐士，没有人是独活的。人性无可逃避，我们必须彼此相爱，否则就会死去。

坚不可摧的完整性：一种冥想方法

有一种坚不可摧的完整性像信封一样，将我们大家都封在其中。

将这份完整性吸入你的意识中，扩展你的视力和听力，扩展这个意识，让其大大超出正常的范围——扩展你的注意力，让它远远地超出你的身体。于是你体验到那种带来刺激感的外围觉察（peripheral awareness），让这一觉察增长十倍，你的注意力漂移出来，就像是打开一把正在不断扩大的伞。

打开你的意识之伞，触及已知宇宙的边际，感受着那份完整性，保持打开，进一步延展到深层觉察的广阔蓝天之中，进入智慧的无穷之中。

深深地放松、漂起来。注意到自己比一千亿个太阳还要大，但是你可以漂着、享受着，成为宇宙。感受你自己进入觉醒之中，就像是早晨你从梦中开始醒过来一样。感受着生命那充满爱意的拥抱，它抱着你，把你放入它广阔无垠的怀中。在这种状态下漂一会儿，享受着自己在这个牢不可破的存在中醒来的体验，成为这份真正的觉察。

第十二章
与同步性一起高飞

真相是造物运作的方式。

——威廉·布雷克

超越信念：巧合（同步性）的力量

我们应该庆祝巧合。巧合事件用令人惊讶的方式告诉我们这点：大脑是有局限的，意识是无限的。我自己的生活里就反复出现过巧合。

巧合和承诺经常在一起。当我们希望做成一件大事时，我们敢于承诺实现它吗？当我们承诺重大事情时，整个世界都会联合起来给我们各种各样物质和精神上的帮助。

这儿有个关于巧合的例子：一次往返旅程中的三次巧合，三次巧合都帮助我实现了承诺。第一个巧合本身就很奇妙，它发生在伊斯坦布尔，一个1500万人的城市。

在一个不怎么出名的、飞往韩国的往返航班上，我被告知由于行李超重需要每航程再交750欧元，这对任何一个旅客来说都是个不小的费用。我几个小时前认识的一个女人，恰好认识在伊斯坦布尔航空票务部工作的人，她迅速打电话过去请求免除费用，通过她的努力，超重费免除了。我怀着强烈的感恩，完成了此次旅行。

一个星期后，在韩国首尔，一个800万人的城市，我要回巴黎，正准备出发去机场时，我想起来这个航班正是之前坐的那班，我将再次面临行李超重的问题。当时正在一个大会议室，就我一个人，我刚和60人道别。我内心责怪自己到最后一刻才想起这个问题来。

那一刻，我内心向宇宙祈祷再出现一位"天使"，就像伊斯坦布尔的那个女人，来帮我解决行李超重的问题。很明显，我发送了内在信息从"首尔到心灵"，结果出现了两个巧合。第一个立刻就出现了，一个女人从会议室的门那边走过来，说她想在我走之前给我张名片。你猜怎么着？！她既会韩语也会英语，并且名片显示她的职位是"航空顾问"，首尔这么多人，我竟然能碰到她。惊奇的是，她认识我买机票的航空公司的首尔主管，5分钟内，这个主管同意免除我的行李超重费。你可以想象，我怀着上次4

倍的感恩，开车到了机场。

第二个巧合发生在机场。当我在检票口给票务员解释超重免收费用的事时，我拿出了一张错误的名片给她，不是那张航班顾问的名片，而是我班上另外一个学员的名片。当她用韩语读出名片上的名字时，她非常吃惊。

和机场主管电话沟通确认免除后，超重情况很快就弄清楚了。但票务员若有所思地看着我递给她的名片，问我是谁。我简要地解释说我在首尔教授以成果为导向的教练课程，而给我名片的是上我课的一个学生。这个年轻的女孩用磕磕绊绊的英语说："我和她很熟，你给我名片时我正想她呢。我非常尊重她，她改变过我的生命。我们一起在一个健康小组，我们曾经都得过重病。她已经恢复了健康，现在正努力帮助我恢复。而你是她的老师！"

一个小时后，她满脸通红，送我到飞机入口，在我即将登机时和我握手。她给我升级到了头等舱，我发现自己到了一个非常棒的、非常适合长时间飞行睡觉的小隔间。感激之至！

这仅仅是又一个巧合？看起来我生命中有很多！可能你也是，只不过你没注意到。你或许会说有些人确实很幸运。可能吧，可能更多的人、非常多的人都很幸运！

大脑是有局限的，意识是无限的。我们的生命是绝妙的神秘！巧合提供了一个美妙的"休克疗法"，来提醒我们要对深层秘密保持清醒，对生命给我们的惊喜保持深深的感恩，并且把生命给予我们的奇妙的爱还给生命。

身份作为一个意识场域（Field of Consciousness）

我们的身份观念连接着我们的共同意识场——一个关于作为人意味着什么的隐喻。我们的身份，以一个隐喻来打比方，就好像是一张可以进入我们意识这个图书馆中"阅览室"的图书证。如果我们不对我们的身份加以审查，它就是一直那样狭隘，被一些陈词滥调的故事和概念组成的高墙挡在后面。我们很容易就会一辈子都待在一个死板的房间里，小心维护着那些没有商量余地的界限、高墙和自己得出的结论。而任何人生活在这样专属于个人的小房间里，生命中都必定会充斥着无数情绪上的简单划分，他们常常心灰意懒、被内在冲突所困扰。

如果我们向内心深处探索，或者如果有人向我们演示如何去找到门、打开门，这样我们就总是可以扩展我们的隐喻，甚至可以获得一张进入生命这座图书馆所有地方的图书证。然后，我们就会对扩展意识真正感兴趣，因为那时候我们已经了解到内在特质，了解到通向恩典和自我更新的入口。

在更深的层面，所有人都了解内在转化是什么。我们能够注意到，我们最强烈的那个隐喻是如何提供了一张可前往转化性意识图书馆的图书证。提出开放式问题，并认真地聆听，我们就会找到有效使用这张图书证的各种方法。

学习如何与一个价值场域连接，可以是一个具有强大转化力故事中的关键主题。作为教练，我们可以展示打开通向真正生命转变内在之门的那些原则。

你的故事可以做到这一点，只要你：

· 选择一个和听众相关的转化场域。

· 使用你的内在力量来表达那个深层面的相关性。

· 在故事的开头将你自己和故事所体现的核心价值观联系起来。

· 展示内心与愿景、价值、自己和听众连接的强大力量。

· 故事叙述中包含对感觉的描述、声音变化、重新连接和重新校准一致的身体语言。

· 向内发问，表达那个深度相关性。你对内在的要求就好像是一个祈祷，帮助你在说故事时流畅充分地表达。

从自己的角度来看，你会发现，你表达展现出来的关于自我信任和信任他人的原则的能力，就好像是故事的翅膀，让你腾空而起，进入超强表达力的状态。

但如果个人身份是基于自己和他人的对比建立起来的，就可能会变得非常狭隘，甚至这种个人身份可以被称作是思维病毒（thought virus）。和其他任何病毒一样，它会让我们停留在侵略—斗争（invasion fighting）的模式中。

我们想要带着听众走出自我分裂的内心对话，超越自我膨胀的个人身份，尤其是超越自我主观赋予的权利（self-entitlement）和被冒犯的权利，我们必须从狭隘的自我保护中走出来，进入更宽广的意识中。

洞穴

你有过奇迹般的经历吗？你可能会想起这么一个时刻，生命的礼物以一种伟大的方式展示出来，你为此感到惊喜和敬畏。许多年前我遇到过这种时刻，当时是我和12岁的女儿、8岁的儿子、儿子的好友，还有家里的狗，一起到野外露营两天。我背了一个背包，里面装着个又小又轻的帐篷，和足够我们四人吃两天的食物。我们的目标是在加拿大不列颠哥伦比亚省西海岸的一个非常难走的小路旁，开心地在帐篷里过一夜，然后第二天返回。这是男孩们第一次露营。

当时是中秋，酷热的天气持续两周了。我们一大早就出发，开心玩了整个白天。突然天气剧变，暴风雨伴着雷鸣，从海上滚滚而来，强风大作，带来几滴大雨点，又一阵风起，天空马上变暗了，而我们至少还有7个小时的路程才能到达预定的露营地点。

我们走在一条狭窄、崎岖的小路上，两边都是树和杂草，没地方搭帐篷。当意识到我们可能会遇到麻烦时，我开始沿着最先看到的小动物的踪迹走，这个踪迹一直指向大海。我寻找着能搭起帐篷的平地，但是我们周围都是茂密的灌木丛、树林和陡峭的坡地。

雷声持续着，越来越近。经过10分钟小心地向坡下跋涉，我们发现了一个小港湾，但却失望地发现，那儿堆了很多从海里冲上来的木头，除了水边没有平地了。同时，雨越来越大，伴随着巨大的闪电，如注的暴雨很快就来了。

　　孩子们在海滩上玩耍，而我在跑来跑去找可燃物和能搭帐篷的地方。我有点绝望，开始在内心祈祷，距离暴雨来临可能也就只有5分钟了。

　　在这个小沙滩和小港湾后面，许多木头靠着岩石杂乱地堆积着。我开始爬木头堆，想在木头堆和海岸线之间找个遮蔽点。到了一个木头堆顶时，我爬上了木头堆靠着的花岗岩石上。小心地移开靠近石头切面的木头后，我忽然在石头底部发现了一个有帐篷门大小的壁龛，壁龛比海湾高，它隐藏在一些木头后面，开口大概有半腰高，但是从下面看不到。我迫不及待地钻了进去，惊奇地发现空间马上变宽，里面是一个有一间屋子那么大的洞穴，很干燥并且地面平坦。

　　在被完全淋湿前，我让孩子们把所有能找到的木头聚集在一起，我们在洞口堆起了木头、树枝和木片。我们刚到洞里，暴雨伴着狂风和闪电就倾盆而下了，我极少见到这样的狂风暴雨。

　　在一个干燥避风的地方，我们脱掉了潮湿的外套，在洞口点起了一小堆火。暖和起来后，我们开始欣赏这个地方：一个大概长9米、宽5米的像个房间一样的洞穴，几乎完全干燥并且平坦，后面的墙上刻着难以置信的象形文字，有箭头、圆圈、点和各种形状。图形看起来非常古老，洞穴看起来很友好，有家的感觉。带着露营探险的精神，我们做饭、看书和唱歌。我们铺好睡袋睡觉，感到干燥和温暖。

　　早上起来，我们发现暴雨还是很大，暴雨如注砸着海湾。半米远的外面，世界都被淋湿了。我们坐在火堆旁边，大声读书，玩游戏，享受着这个早上。大概中午时分，暴雨突然停了，太阳出来了，我们四个穿着干衣服，很安全，开始向着小路的尽头往回走，那里有家里的车在等着。

　　你可以猜猜走回去时我在想什么？能一起分享的意想不到的精彩时刻是真正的奇迹，难道不是吗？孩子们并不认为这件事是个奇迹，他们觉得这只是他们一天中生命里很自然的一部分，他们用很平静的方式接受，这点让我感到震撼。他们帮我认识到，生命的大部分对他们来说都是神奇的，他们会这样说："噢，当我们在洞穴里避雨等待玩耍时，这就是旅行的一部分。"

但是，我知道这是一件令人惊叹的礼物。在一个没有洞穴的海岸线，一个洞穴出现了。在一个没有解决方案的情况下，问题解决了。这场暴雨原本可能给我们带来很大的困难，这个洞穴的奇迹太让我们兴奋了！你看，你问，你请求帮助，然后你得到了。某些我之前从来没有遇到过的事情，在我绝对需要它的时候出现了。令人吃惊的巧合！生命给予我们的奇迹般的礼物太棒了！

小的奇迹仍然是奇迹，不是吗？

生命的慷慨就是这样的奇迹。

能一起分享的意想不到的精彩时刻是真正的奇迹，难道不是吗？

生命的慷慨是真正的奇迹。

科学家推测 99% 的生命经历对人类都有积极的意义，不管你怎么说或者怎么想。关注生命的奇迹。

将开放式问题当作警句来使用

提问的问题可以是非常棒的警句，每个故事都可以引申出一个警句式的提问！一个精彩的故事会展现出某个人探索深层疑问的过程，以及这些疑问一步步发展的过程。你可以挑一个主题，之后开始探索那无限的可能性。

所有人都想要学习如何对他们所经历的事情说 YES。首先我们展示出他们的困境，将其作为一个问题提出来；之后我们将其作为一个更大范围内人类面临的问题，描述他们在行动中如何探索这个问题。这样，听众就可以发现自己对这个问题有什么样独一无二的回答。

提出一个警句式的问题，旨在激发听众。我们要问自己："我问一个人什么问题可能会激励他一辈子？"鹰的故事的结尾就是这样一个例子。

开始向别人讲述隐喻时，有一个很好的问题能让你"设定空间"，"在我讲这个故事时，我可以考虑我希望的身份是什么？"

那个更大的我是多面向的。找到一个一致的、包容的宽广视角，将听众带到那个体验中去。

更大的自我是什么？进入你的价值生命中去，我们与价值连接的扩展系统比我们那些关于自我身份的狭隘理论要大得多。我们能够探索更宽广的逻辑系统和感知模式，这会让我们远远超越自己正常的自我参照来扩展意识，仿佛建造一个火箭发射系统挣脱大气拉力一样，带我们超越那狭隘的个人思维。

老鹰

我们都有终生难忘的时刻，就像电影一样在脑海中闪现，并深深刻在我们心里，成为自身的一部分。生命给予我们很多礼物，不是吗？这些记忆非常重要，让我们铭记人生旅途中人类给予彼此的温暖和关爱。

我想请你想象一个情景，在满是岩石的太平洋海岸上，太阳在晨雾中缓缓升起，一片被针叶树环绕的小沙滩。今天是我一次很棒的远足的第三天，我独自走在太平洋的海岸线上，还有更多日子我要跋涉在这条崎岖的小路上。我走着，伸展身体，然后折叠起我的睡袋，要开始新的一天了。

从昨晚搭帐篷的海湾往下，我看到一个年长的美国原住民渔夫，他把白色的小渔船停靠下来，在海滩上点起了一堆火。一阵咖啡香味飘过来，他看到我后，举起杯子示意我过去。我走过去，他递给我一杯咖啡，没说话。

怀着对潮湿的早晨一杯热咖啡的感激之情，我静静地坐在一边啜饮，他蹲在火边吸烟。最后，他站起来，指着海湾对面的村庄说："我要去那里，你去吗？"

想到会有半天愉快的旅程，我同意了，然后我们上了船。船缓缓驶出，进入海湾几公里后，他指着视野中的高山，和环绕海湾的七座高山的每个山顶，说那里有七只秃鹰，分别栖息在每个山顶最高的那棵树的秃枝上，它们都在，若隐若现。

我很吃惊它们七只都在，像保护七座山的七个卫士。"它们都在看着我们。"捕鱼者说。生命赐给我们很多礼物，我期待着。

看到我兴致盎然，他提醒我："坐下别动！看我的。"他把手伸向一箱刚才抓的鱼里面，选了一条大红鱼，在手里掂了掂重量。然后他站起来，面向最近的一只老鹰，大概一公里远，把鱼举高。

接着，他手臂顺时针转动了三圈后把鱼扔向了天空，啪的一声，鱼落在离船不远的水里。就在鱼砸到水面时，老鹰从树枝上一跃飞起，伸展着平滑强壮的羽翼，像一支箭一样飞向我们。

这个大鸟的飞行速度让我感到震惊。一米或一米半长的羽翼，和径直飞向我们的速度让我感到敬畏。我看着它，它冲着我们的方向潜入水里，我看到了它的圆眼球。

老鹰盘旋着，伸开的爪子像是展开的起落架一样，一个平稳无声的俯冲，它抓到了水面下的大红鱼。老鹰将鱼拽出水面时，它激烈地扑扇着翅膀，整个过程它都用凶猛的眼神盯着两米外的我。慢慢地，这只老鹰带着它的战利品，飞向天空，飞回它所在山顶的树枝上。

我目瞪口呆。这个场景依然鲜活地存在于我的记忆里：白头、骄傲的眼神、闪闪发光的翅膀、芭蕾舞式的动作——真是永生难忘的一幕。

看到我的震惊，老人笑了。"很震撼吧？"他边启动着船上的发动机边说。五分钟后，就像自言自语似的，他满怀爱意地轻声重复："是的，非常震撼的一幕。"

渡过海湾时我们都没再说话。

啊，所有的朋友，请留意生命给予我们的礼物，精彩的礼物。它们会在意想不到的时候到来，不是吗？我们从慷慨的陌生人那儿学到了太多，不是吗？作为回报，我们又为他人创造了哪些闪光时刻呢？我们自己又回报了怎样的慷慨？我们又怎样去颂扬这些精彩的生命礼物呢？

要实现自由，我们需要建立一个强大的视觉意识以及坚实的内在信任——打开自我意识，直至我们可以飘在一个能看到全景的广阔轨道上进行观察。这涉及提出超越性的问题，直到我们建立起与之相匹配的神经系统，之后我们可以享受自我实现那广阔无垠的稳定性。下面的冥想方法就是一个例子。

一种冥想方法——和着宇宙的呼吸：大和小

这个冥想方法是在视觉上朝着开悟移动，你会发现这个练习方法很有用。

在这个练习中，你要观想自己整个人生，过去、现在、未来，它们都在一条线上，你过去的经历都在这条线上一一排列，未来的可能性也在。让这条线具备你自己独一无二的属性，从而体现它是专属于你的。

有些人将这条线看作是一条闪闪发光的线，有些人将其看作是一条路，还有人将它看作是一条河，色彩的流动或亮光的流动。高高地飘在你的这条时间线上方，放松，进入教练视角或观察者视角，俯瞰所有的一切。请留意当你在足够高的上空时，就会体验到你所能看到的视线范围比较大，而这条时间线比较小。在这条美丽的线上，无论你看到的是一个个很快闪过的图像，还是静止的图像，都没有关系，放松就好。观察在下方展开的你所能看到的一切。

注意时间线上的那些短片，留意你在不同的典型场景中，在通常所在的文化环境或个人常在的场景中，留意你那些典型的习惯，引发了各种习惯性思维定式、行动，甚至是那些狭隘的观念。去观察各种发生的小场景，全然地去欣赏在那些场景中的你。这个人如此忙于生活，甚至没有注意到生命中有些领域渐渐关闭了，因此发展出各种习惯的姿势、观念、身体上的习惯或情绪上的习惯。

在你观察这个"个人记忆系统"中的一些典型习惯时，放松下来，带着怜悯和接纳之心。看着那些关于自己的习惯性观念，慢慢地看到自己在不同的典型情境之下的习惯反应，原谅自己在一些情境下的行为。记住这个人——你——在各种情况下的各种出色反应、活动、姿势、开放性、同情心，以及你能够展示和体验到的那些有趣品质。

接下来，想象你的那条时间线缩小成一个非常小的图像，你作为一个已经扩展的宇宙存在，可以从高处下来，把这条小小的线当作一个能量体一样拿起来，轻柔地把它放在你面前可以看得到的地方，这样你就能观察到它。将这条线当作一团明亮的光，看着它。

不偏不倚地观察着这条代表你整个一生的时间线，再一次将其当作是一个能量体，注意到你自己可以看到这个被称作"你人生记忆"的整体的能量。

现在，继续保持在放松状态中的教练位置或观察者位置上，改变你的专注点，感受到这条线周围巨大宽广的能量向外扩展，无限地扩展进入整个宇宙。感受着在这个闪闪发光的空间中，在你的时间线的前方、后方那扩展的巨大能量，体验着这个广阔能量的各种品质。

当你从一个将一切尽收眼底的观察者角度来观察并进行思索时，你是如何来看这一切的？或许你将宇宙看作是一片黑暗，或许看作是一片柔软的蔚蓝，或是一个虚空，又或是一片明亮。感叹着它的宽广无垠、它的能量、它的开放性。宇宙中有什么声音吗？

以你自己的方式，感受着这个无限空间的神圣和纯粹。一边观察，越来越深入其中进行体验，一边放松下来。渐渐地展开你的视野——扩展到十倍——将宇宙看作是一个巨大的充满生命力和丰富可能性的圆周，意识到它无限一体性和无限能量的本质。

你怎样来看这个美妙异常、无尽的开放性都可以。将其看成圆的或平的、亮的或暗的、晶灿灿的或如天鹅绒般柔软的、闪烁的或者静止不动的。或许将其看作是一个巨大的意识。或许开始去留意这个包容一切的扩展空间像一个巨大的母亲，给你自己那个小小的时间线提供了永无止境的宇宙能量。允许自己带着游戏的态度发挥自己的想象力，来想象这个画面，任你想象、感受着那个能量。

再一次回到你那小小的时间线，这个小小的东西悬在这浩瀚的宇宙能量中。再一次将你这条小小的时间线看作是一个小能量体，并处在无限的能量包围之中。留意并感受着那份广阔无垠，就像一个巨大的容器或集装箱。

仿佛你自己就是那位巨大的母亲，温和地接纳你在自己小小的生命记忆中看到的一切。

同时观察这两个能量场——大的和小的。目标是在这个大的和小的之间来回切换，先注意第一个，然后是另外一个。逐渐地留意你可以看到这两个合在一起的那个能量：那个浩瀚空间的开放能量，和你自己渺小时间线的独特能量。

开始注意这两个能量场在一起，正如整体的两个部分。注意它们是如何在某种程度上展示出一种彼此间的共振和一种内在意识，注意他们之间的同一性。用你自己的方式，将每一个看作是一个整体，也是一个容器，让你自己去了解那个整体的内在品质——这两者之间的同一性。之后问你自己："他们之间那个共同的本质是什么？"

意识到自己越来越能感受到你那小小的时间线和周围那个浩瀚无边的空间的开放能量，开始看到这两者之间的联系和相互渗透。或许你能开始注意到，在你的那条小时间线中有一个轻微的活动，就好像是在呼吸或者震动一样，注意到那个广阔的宇宙能量和谐地呼应这个微小活动。

想象关于这两者之间共振和互动的隐喻：

· 那个小的时间线就像一个在广阔无垠的空间中热烈振动的小胶囊。
· 它们之间的活动就像一场舞蹈一样，两者的内在节奏都是一样的。
· 它们在一起像无止境的光旋涡——你的时间线是更大宇宙中的一个亮点。
· 它们是一个甜美的、永远彼此呼应的和弦中两个和谐的声音。
· 它们是两个进程——温柔地触摸彼此、一起鸣响。

留意那个小时间线的能量，渐渐开始完全与那个宇宙能量共振起来。将这个共振的根本自然本质看作是一种完美的形式或神圣的形式，为这个神圣的互动选择你自己特有的视觉隐喻。

观察一会儿它们在一起，它们在一个你视觉想象的自由空间中，温柔地欣赏着它们彼此之间的内在连接和一体共振。

现在，再一次进一步靠近那条时间线，让自己能观察到这条时间线——你的生命的细节部分。留意当你观察这条线并打开这条线上的任何时刻，就能注意到宇宙神圣能量的自然节奏和共振，弥漫了你所观察的任何时刻的所有方面。观察那些你之前认为不过是平常的时刻，留意那个内在连接的神圣品质弥漫了那个时刻所有的方面，被内在连通性的光辉深深笼罩着。

花一点时间，只是放松地看着一些过去、现在、未来的某些时刻，观察你所看到的一切——那其中的光和你从中获得的领悟。允许你自己去留意和享受你所观察的每个时刻中蕴藏的那个神圣共振，留意真正神圣的品质是如何渗透所有方面，留意此时深层的领悟、发现和内在连接是如何被看作生命中所有行动的主要场域。

做好准备时，想象自己向下回到这条时间线中，进入你此刻生活的这个当下。

花一点时间去感受这个共振、这个意识的神圣空间——只是这一次是在这条线之中去感受。感受着你自己身体中的神圣，感受此刻的神圣。放松地吸一口气，体验自己对这个巨大共振、对这个意识空间的感恩之情，你是这个意识空间的一部分。

注视你周围的物体，通过你自己的能力，留意那个深层意识渗透你此刻所在的空间。带着这些体验，感受你的身体、你的血流、你的内在体验，将其当作一个直达这个宇宙振动核心所在的入口，而你是这个振动的一部分。

第十三章
意识、临在和智慧

> 每天我都会提醒自己一百次，我的内在生活和外在生活都是建立在他人劳动的基础之上，这些人有的还活着，有的已不在人世。我必须努力，为我曾经得到和正在得到的东西，以同样的方式给予出去。
>
> ——阿尔伯特·爱因斯坦

感恩的巨大成果导向作用

每年,通常是在年末的时候,我们中的很多人都会花点时间来表达对同事、朋友、家人的感激之情。这种一年一度的仪式启发我思考感恩真正的本质。那些见解深刻的思想家们对此有精辟的阐述。

美乐迪·贝蒂 (Melody Beattie):

感恩让生命丰盛起来,让我们所拥有的变得充足,让否定变成接纳、混乱变成有序、困惑变成清晰。当具体地因为某一件事情而迅速做出衷心的感恩,这时,感恩的力量最为强大,它旨在强调某个人的闪光时刻。换句话说,感恩最棒的部分在于点亮一个人的生活!可以让一顿饭成为一场筵席、一座房子变成家、一位陌生人变成朋友。感恩让我们的过去有意义,给今天带来安宁,为明天创造出一个愿景!

曾经有一次别人对我的感恩就是一个很棒的例子。对我表达感恩的是一位女士,当时我在课堂上打开一只黑色水彩笔的笔帽,墨水溅到我浅米色的衣服上,留下了黑色的印记。我扔掉了那件衣服,以为它会被丢进垃圾桶。结果第二天早上,那位女士把那件衣服又递给了我,她在我那被溅了墨水的商务夹克上巧妙地画了一些优雅的图案,让那件衣服看起来像是一个设计师的时尚作品。她只是简单地说了句:"非常感谢您开办这个研讨班。"那件夹克成了我最喜欢的衣服,之后我穿了很多年。

另一个非常棒的例子。当时一次充满乐趣的课程即将结束,有个人写了一首歌,还设计了舞蹈来庆祝结课。场面很热烈,让人备受鼓舞。我们跟着音乐的节奏摆动着,我的心灵开始歌唱,她那出于感恩的幽默之作点亮了我一整周的心情。

当然，感恩并不仅仅只让接收方受益，感恩的行动常常会让发出感恩的那个人受益更大。与健康相关的数据表明，为你所感恩的某个东西默默地祈祷，或有这样感恩的念头，对心灵大有裨益。研究表明，将一顿饭说成是"恩典"或表达感恩，会让食物味道更好，甚至能够帮助消化。将某件事情说成是恩典与宗教信仰无关，而是关于认可我们与它们之间的深层连接，我们与它们共同参与了，作为接收方，我们认可把这一切呈给我们背后所付出的劳动。总体上来说，对于生命的感恩会打开我们临在的能力和智慧。

当我们充分领会了感恩的巨大作用，它就会打开理解的大门。例如，当我们充分认可父母养育我们——他们的孩子——而付出充满着爱的辛劳，这让我们对他们付出的所有努力表达感恩，从而在我们和父母之间实现和睦一致。

感恩会建立起一个良性循环。它就像是一艘远洋班轮，制造出向外发散的波浪，会带来更多的价值，对所有人的认可就像下一道波浪紧随而来。

使用祝福的语气，也是成果导向教练操作过程中的重要部分。有效的教练是有感恩在其中的，作为教练，我们充分感激我们的客户，也同样充分地倾听他们。通过我们的努力，他们的自尊心和自我意识增强了，他们的感恩就是对我们的回报。

记录闪光时刻的村庄

我听到过一个中世纪的故事，有关一个疲惫的旅人徒步穿越高山，走近一个村庄的故事。他在村庄附近的墓地停下吃午饭。他吃东西时，注意到有些墓碑上的日期，并且意识到所有他看到的墓碑日期，推算出的时间都只有两年、三年或四年，他觉得很奇怪。在继续旅行前，他在墓地走了一遍，近距离看了更多的日期。让他吃惊的是，他发现没有一个墓碑标示的年龄超过五岁。

为了搞懂这到底是什么意思，他走进村庄，那里有各种年龄段的人。说到墓地，人们都笑了，但没做评论，只是让他去找村里的长者。他更加好奇了，遵照人们的指示，耐心地等着这个长者来揭开这个谜团。终于，一个笑容可掬的老人端着茶出现了，他们一起坐下来聊天。

"在我们村里，大家有个秘密的约定，"他说，"我们只将那些特殊的时刻算作我们'活着的时间'，特殊的时刻是指那些对我们来说充满活力和生机的、真正生活的时刻，那些充满价值的时刻！我们非常热爱这里的生活！我们重视生命的价值并且严肃地对待生命。由于这个原因，我们同意玩一个叫做'全力以赴去生活'的游戏。我们同意认真记录内在真相，它和真正的生活品质有关。为了这个目标，我们每天认真记录下生命的最好时刻并认真地累加起来。

"我们互相寻找这些时刻，来确保我们真正生活过。这些时刻有关发现、价值和内在真相，或者是我们深刻意识到的一起分享的重要经历。这是我们的真实生命，我们称之为真正的生活时间。创造这些时刻是个非常棒的任务，我们彼此鼓励去完成这项任务。我们像收获庄稼一样来收集这些时刻，并在生命的严寒时刻分享，来拓展它们的意义。

"墓碑讲述我们的故事：我们是闪光时刻的村庄！我们每个人都能找到真善美的时刻并呈现出来。我们每个人都能在真善美中生活，即使在此刻，只要我们想。此刻与之前任何一刻都不同，这一刻是不同的……就是现在。"

你当下的闪光时刻是什么？深呼吸，并且现在就体验。你的闪光是在什么时候？什么让它非同寻常？感受你手掌中发散出来的层层意识。你的闪光时刻是在什么时候？倾听你周围所有的声音，融入遥遥无边的远方。此刻与之前任何一刻都不同。此刻是不同的，它是现在。

"场域意识"的含义

在创造隐喻故事这个语境中，场域意识到底指的是什么？我们说的，是时机成熟时我们所连接上的知识场域，这是在更深层面我们大家共同的意识连接带。有时候你对某个精彩问题的深刻回答让自己也惊叹，请回想这些时刻。

某个人向你提出了一个强有力的开放式问题，这个问题让你找遍所有时间和地点，进行移转派生的探询（trans-derivational search），想出了适当的回答。我们可以根据提问的要求，打开我们的关注力去注意一些隐秘的精微知识（subtle knowledge），发现这些知识的存在，并据此侃侃而谈，而在这之前我们甚至不知道我们拥有这些知识。

物理学家用"场"这个词，来描述用物理手段无法检测到的频率。一个具有转化力的场域——一个量子的矩阵，是意识的精微频率。精微（subtle）这个拉丁词的含义是"精密编织在一起的连接"。

从本质上来讲，是你自己更强大的意识在回答这样的提问。你条理清楚地做出这样强有力的回答，让自己和周围的人都惊叹不已。在你说话的时候，可以用同样的方式，用你的隐喻来回答关键的问题，甚至去了解源自听众内心更精微的问题。如果你呼唤那更宽广的知识，那更宽广、更智慧的答案就会到来——刚刚好。

吹长笛的人

想象一幅美丽的画面，八月的某一天，在温哥华附近的一座山上，我正在一条从未走过的非常美丽的小路上徒步旅行。小路在山后面蜿蜒穿过树林和草地，我一边自己走着，一边欣赏野花和小鸟，并伸展我的胳膊。

我之前就对这条小路很好奇，但从没走过。这条小路一直从山顶下来到山后面，这次我发现它是条非常狭窄的小路。大概走了3公里后，我发现它越走越狭窄。停留片刻后我继续好奇地沿着小路往下，往下，一直往下，迂回曲折，穿过一片高大的雪松和松树林，我猜测低的地方会是一条小溪，但发现不是。小路的最后几米突然变得陡峭起来，基本上快垂直了，然后我抓着树根滑下去，我没站稳，一屁股坐在一个大草丛里。

奇怪的是，我落地两秒内，又一个人在我面前跌进草丛，他是从这条小路的另一边，大概一米五左右高的地方跌落的。从另一边滑落下来的是一位非常英俊的年轻人，穿着牛仔裤，背着背包。他走的那边和我这边一样陡峭，他也是没站稳，跌坐在茂密的草丛里。我们两个人都非常惊讶，面对面坐着，几乎鼻子蹭鼻子了。

我们俩都禁不住大笑起来，笑了好一会儿。生命有闪光时刻，这一刻就是。我们俩都很惊讶！

此刻，我是个六十来岁的女人，他是个大概三十岁的青年，我们在这儿一起为掉进草丛大笑。我正要挣扎着站起来，年轻人却示意我再坐一会儿。

他从肩膀上把手伸进背包，拿出一个小笛子，立刻吹起来。他演奏了一个欢快、幽默的曲子，从某个角度看正好和现在滑稽的情景相配。我笑着，很放松也很享受。

他继续演奏，一首优美的旋律正好配合我们所处的优美的景色：青草、蕨类植物和各种各样的绿色。听到笛声，鸟儿开始唱歌，他也开始配合鸟的歌声，我放松地听着。现在他的音乐开始改变，越来越宽阔，他抬起眼睛看着森林。我注意到笛声配合着我们周围那些笔直的大树，强壮、高大、深沉、温柔和深刻。我坐着，静静地听，对他能如此完美地感受、诠释此刻的质感，表示真诚的欣赏。我心里开始了小小的庆祝。啊，生命之路上的朝圣者，让我们倾听彼此的音乐！

音乐再次开始变化，更多欢快的声音出现了。音乐越来越壮阔，好像它经过了每棵树，甚至整个森林。现在演奏者的笛声开始配合天空、云朵，甚至整个空间。

音乐接着柔和下来，渐渐扩展，这个年轻人好像深深融入了这个过程，现在开始用演奏表达对整个生命的赞叹。一个高雅的旋律出现了，长笛就好像是一个祈祷者，在表达对整个宇宙的感恩。声音宽广深刻，一段充满虔诚和喜悦的音乐。

一个急促的和弦开始了，音乐提升到欢快的音调，就像是给万物一个响亮的、庆祝的、精致的问候！然后，在最后一个悠长音符结束后，音乐声消失，森林恢复安静。

我在敬畏中坐着，没有话可说，也不需要说，长笛说出了一切。啊，生命之路上的朝圣者，让我们倾听彼此的音乐！

没说一句话，这个男人将长笛放回背包里。没说一句话，他站起来时我也站起来。现在，像古代人一样，像武士或者古代圣人庆祝此刻的力量一样，我们两个人彼此鞠躬并点头致意。

然后，一句话也没说，他爬上了我这边的小路，我爬上了他那边的小路。

啊，此刻的兄弟和姐妹们；啊，擅长言辞和倾听的教练们：享受你们的庆祝时刻，把手伸向你周围的人。

怀着敬畏和喜悦之情，给出你的礼物，因为我们需要彼此分享此刻。当我们接受彼此的礼物时，会在心里感受到此刻的珍贵。啊，生命之路上的朝圣者，让我们倾听彼此的音乐！此刻和之前任何时候都不同，分享我们的爱吧！

价值意识

努力创造真正体现出一个人正在探索自己生命的隐喻，其目的在于展示一个人提出深刻的开放式问题，从而充分调动思维和根本意义上的理解力。你希望你的故事展示出如何连接内在认知的广阔场域——价值意识场域——的这个过程，让你的故事展示出一个开放式提问所能揭示出来的内容。

我们可以描述故事的主人公是如何到达一个他知道绝对有意义的地方。在述说这个故事时，我们就是让听众来发现，什么对故事中的这个人而言是有深刻意义的，这位主人公是如何描述和展示内在这个打开过程的？

在讲述故事的过程中，留意：当人们向自己提问，"此时对我而言，真相是什么？"就能轻易地连接内在价值的场域。在这个过程中，我们帮助听众从领悟故事含义中升华。我们提出这样一个问题："一个人是如何将平凡转变成神圣的？"这些都是一个有说服力故事的组成部分！

创造你自己的旅行之瓶

你可能已经注意到"在途中（transit times）"的时间有其独特之处。在这些时间段里，可以是坐火车、汽车或飞机在世界的各个地方旅行。这些时间是让你找到"生命之瓶里的大石头"——我们需要保持关注的关键价值领域的绝好机会。

你或许听说过那句谚语，说的是我们生命之瓶中的多个小碎石耗尽了我们的时间。这句古老的谚语在世界各地举办的研讨会上一次次被引用，导师们用一个隐喻来展示生命中优先排序的本质。这个隐喻说的是将不同大小的石头放到一个瓶子中，导师向大家展示，如果你不把代表核心价值观的大石头先放进去，将会发生什么。其寓意是：代表核心价值观的大石头必须得先放进去，因为如果你将不太重要的小石头先放了进去，在生命中的其他时刻，你的价值观瓶子中就没有空间了。装上了这么多的"小东西"，重要的东西都没地方放了。

旅行的时间是一段停机时间，让我们可以思索：

· 什么对你而言是至关重要的？
· 你有哪些大石头？
· 哪些是你的核心价值观？
· 要保持你的价值观被优先考虑需要什么？

旅行——在途中的这种行为，对我来说一直都是一段特别的一对一时间，是让我和自己连接的时间。当我在旅途中，我可以自由地去探索我的灵魂，就好像是宇宙张开臂弯对我说："好啦，现在你在我的怀抱中了——不用去考虑这次飞行接下来的七个小时——有很多的时间来专注于此阶段你人生中真正重要的事情。"对我个人而言，在途中的时候，我感觉自由，可以放任自己停止工作。这段时间里，我停下乏味的说话歌唱起来，放下细节考虑全局，不再是"去做"，只是简单的存在着。我放松下来，进入沉思中，让我的感恩绽放开来。我回顾着生命中发生的那些事、那些特别时分，体验着内在价值的力量和成长——这一切温暖了我的灵魂。完全伸展出去、充分碰触到人生的目的，我们可以真正探索我们自己。

> **对我而言，在途中是一段问自己重要问题的绝佳时间：**
> - 在我自己的内心深处，一切都好吗？
> - 我身边最亲近的人，他们一切都好吗？
> - 我所有的同伴们，他们都怎么样？
>
> **找到你自己生命中的"黄金时间"，实现这一内心过渡——问你自己：**
> - 今天谁需要感恩？
> - 需要认可谁的勇气？
> - 需要支持谁？
> - 谁充满爱心的举动鼓舞了你？
> - 你的重要事项中还有哪些不完整？
> - 有人处在生命临终时分吗？
> - 真的有谁没法联系上吗？
> - 你会怎样敲他们的门？
> - 你还能做什么，将感恩和祝福带到他人的生命中？

当你在途中或者在与自己独处的黄金时间里，不要忘记去检查你的旅行之瓶——属于你自己的生命之瓶。从行动的状态切换到只是存在着的状态，重新装满你的内在之瓶。请承诺去装满你的瓶子，并且专注于其中的那些大石头。

问你自己：
- 什么对我具有深刻的重要性？
- 我生命中珍惜的真正重要的价值观是什么？
- 我听到的召唤（calling）是什么？

讲故事时发展场域意识

在整个故事中，描述和展示场域意识有一些关键的方面：
- 在你的内心和双手感受着"这个场域"，于是你的听众深深记住了你的姿势，将其当作是你连接你所表达的转化性场域的姿势。
- 将内在感觉与一个价值词语联系起来。强有力地说出这个词，倾听自己是如何说出这个词的，将所有注意力放在这个词的内在含义上。
- 与一条具体的人生原则联系起来，在你讲故事的过程中，至少三次明确地将这条原则说出来。
- 用你的语调和姿势建立起场域意识，"让智慧长者的声音响起来"。
- 与你的目标联系起来。可能的话，找到一个开放的问题，深深地思索这个问题，即使是在你讲故事的过程中。
- 让这个故事经过你，自己说出来。
- 做一个"抓住价值"的姿势：张开双手，慢慢向上移动。
- 眼睛注视着你和地平线之间的中心位置，将视线保持在那个地方，那是你思维中愿景发展的地方。
- 打开你的双手，感受能量在你手指间麻刺刺的感觉。

图画也会帮助他人连接上他们自己更深的意义。
- 创造出与你的故事相联系的图画。
- 使用几何图案，与一个愿景联系起来，之后通过那个愿景来说话。
- 配之以丰富的音调变化。

从其本质上来讲，所有的场域思维都将我们与关系思维（relationship thinking）联系起来。想让他人受益的这种始发心就是一扇大门，通过这扇门，我们进入连接所有人的更大场域意识之中，它用各种方式将我们连接起来。使用语调和姿势，就是当我们分享故事时，也可以将我们与他人连接起来的方式。我们从本地思维切换成非本地思维，临在地进入那个带来麻刺刺感觉的当下时刻。

拉里·沃尔特的故事

很多人讲过拉里·沃尔特的故事，一个崇拜飞行员的人的伟大故事。这个故事有关勇气和突破，同时又包含幽默，并极具创造性。

拉里·沃尔特的故事是个大胆的自我发明的传奇，能告诉人们他们有能力在任何时候投入并改变自己的生活。他坐在躺椅用45个氢气球将他带飞上天空的冒险经历，带给人们伟大的视觉画面和煽动性体验。人们津津乐道这个画面：拉里·沃尔特在高空享用午餐，吃着花生黄油三明治喝着啤酒，波音747从他身边飞过。我们可以想象当他回到地面时，人们纷纷注视他挥手致意的场景。

我经常讲这个故事，并将高级隐喻原则整合到故事的每个部分。比如，我经常在开头为意识脑提供一个钩子——一个小的戏剧性的着眼点。

"你们都知道拉里，在1982年，他坐在躺椅里的照片，刊登在世界各大报纸的头版。"然后，人们都认真听，牢牢地被细节吸引，他们非常好奇到底拉里是谁。为什么世界上各大报纸都要刊登他的照片？他们好奇并且疑惑……我能想起那个标题吗？

讲述这个故事成了我的一大乐事，我能把白天培训课程里讨论的具体原则整合到故事里。我直接把故事连接到我想给学员传达的思想上，打开了小组参与和快乐之门。

我最喜欢的是拉里的妙语："哦，耶！"当被问道他是否喜欢在国际航线之上飞行24小时的冒险之旅时，他回答："哦，耶！"我用这句妙语很多年了，用它创造团队的气氛。不管是什么培训项目或什么团队，在拉里的故事结尾，我都会用白天课程的一个原则提出一个团体活动。

这个活动经常会激起一阵新的创造性。我让团队跟我一起说出这句妙语："哦，耶！"我玩笑似的喊"一、二、三、"并示意大家和我一起来，用力喊出："哦，耶！"我们用全身心投入的手势和强有力的声调来做这个活动。

我找到一个方式，让所有参与者至少做三遍。每一次，我都会拓展这个有趣宣告的能量，创造越来越有转化能力的宣告。每次相互作用都引导他们更深一步地去探索自己的深层目的，找到勇气和拓展的愿景。我们从个体的突破开始，但经常以人类的突破结束——我们深入骨髓地体会到这一点。

隐喻是什么

哦！精神上的兄弟姐妹们，在这个大家共享的神圣时刻，我们是转化的创造者。哦，说出我们的故事，带领我们自己向前走。让我们感受着自己的心灵正在向彼此打开。让我们来到一起，用我们的故事创造生命中的喜悦！让我们从脚趾的最底部，到我们价值观的最顶部，互相说出那一句："哦，耶！"

埃里克森国际教练学院

成果教练的全球领导者。总部位于加拿大温哥华。

由玛丽莲·阿特金森创立于1980年，是一个国际性的教练机构。其独创的"成果教练"体系，已经扩展到87个国家和地区。

金牌课程：教练的艺术与科学（The Art & Science of Coaching）获得了国际教练联盟ICF最高级别的认证ACTP，并在45个国家和地区常年开设线下课程。并且在全球范围内提供各种各样的在线教练课程。

加拿大网站： www.erickon.edu

联系方式： info@erickson.edu

地址： 201 – 2555 Commercial Dr, Vancouver, BC, Canada V5N 4C1.

埃里克森国际教练学院，于2007年开始在中国推广业务。目前，已经在北京、上海、广州、深圳、南京、重庆、成都、杭州、郑州、太原等地常年开设专业教练课程和教练应用课程。目前是国内培养出最多ICF认证专业教练的机构。

埃里克森国际教练学院在中国主要开设："教练的艺术与科学"专业教练认证课程；"教练型领导""卓越团队教练"等企业应用课程；"教练型培训师培训""教练型智慧父母""夫妻教练的艺术与科学"等教练进修课程；"教练的内在成长""爱的自由""高级隐喻"等个人成长类课程。

详细信息，请查阅 www.ericksonchina.com

更多信息，请联系我们：info@ericksonchina.com

目前，除上海和广州为埃里克森中国公司直接管理外，还有全国各地的代理商在当地开展业务。这些代理商分别为：

◆ 北京·埃里克森（北京）管理顾问有限公司
◆ 南京·南京慧海星灯企业管理咨询有限公司
◆ 重庆·悦启仕企业管理咨询有限公司
◆ 深圳·深圳市敦敏教育管理有限公司
◆ 郑州·郑州华豫启德教育管理有限公司
◆ 武汉·武汉叩启华道投资管理有限公司

梦工场 & 高级隐喻

我们的生活充满隐喻！

无论你是什么教练，此课程都能为你的工具箱中再添一份新技能，帮助他人探索和拓展自己的能力。发展倾听故事、收集内心信息的能力，听出人们的限制性信念。

在三天的课程中，你将会学到什么？

你将会学到新的方法，来倾听客户的故事和想当然的观念，使用回应性的方法论整合他们的愿景和内在电影，让他们做出必要的选择和改变。

使用充满生机的隐喻过程和让人兴奋的埃里克森技术，你将学会创建自己的强有力隐喻，创造出鼓舞人心的强大愿景。

课程内容包括：

·介绍具体的步骤，让你快速了解你想要探索的潜意识信息系统以及任何梦想的意义。你将学会发展创建隐喻的技能。

·介绍将内在愿景和情绪思维作为"意识形态"加以改变的方法，将其与日常生活中提高创造力结合起来。